少有人走的路

⑤ 不一样的鼓声

［美］M. 斯科特·派克／著 (M. Scott Peck)

胡晓晔　［美］安德伦（Andrew Shipitalo）／译

THE DIFFERENT
DRUM

中华工商联合出版社

图书在版编目（CIP）数据

少有人走的路. 5, 不一样的鼓声 /（美）M.斯科特·派克著；胡晓晔,（美）安德伦译. -- 北京：中华工商联合出版社，2018.7
书名原文：The Different Drum
ISBN 978-7-5158-2373-7

Ⅰ. ①少… Ⅱ. ①M… ②胡… ③安… Ⅲ. ①人生哲学—通俗读物 Ⅳ. ①B821-49

中国版本图书馆CIP数据核字(2018)第133974号

"Simplified Chinese Translation copyright © 2018 by
Beijing ZhengQingYuanLiu Culture Development Co.Ltd.
THE DIFFERENT DRUM: Community Making and Peace
Original English Language edition Copyright © 1987 by M. Scott Peck, M.D., P.C.
All Rights Reserved.
Published by arrangement with the original publisher, Touchstone,
a Division of Simon & Schuster, Inc."

北京市版权局著作权登记号：图字01-2018-3632

少有人走的路5：不一样的鼓声
The Different Drum

作　　者：	[美]M.斯科特·派克
译　　者：	胡晓晔　[美]安德伦
责任编辑：	于建廷　臧赞杰
封面设计：	SPEED Studio　何嘉莹
内文设计：	季　群　涂依一
责任印制：	迈致红
出版发行：	中华工商联合出版社有限责任公司
印　　刷：	北京中科印刷有限公司
版　　次：	2018年8月第1版
印　　次：	2018年8月第1次印刷
开　　本：	640mm×960mm　1/16
字　　数：	180千字
印　　张：	16.5
书　　号：	ISBN 978-7-5158-2373-7
定　　价：	38.00元

服务热线：010—58301130
销售热线：010—58302813
地址邮编：北京市西城区西环广场A座
　　　　　19—20层，100044
http：//www.chgslcbs.cn
E-mail：cicap1202@sina.com（营销中心）
E-mail：gslzbs@sina.com（总编室）

工商联版图书
版权所有 盗版必究

凡本社图书出现印装质量问题，请与印务部联系。

联系电话：010—58302915

治疗「乌合之众」的一剂良药

中文版序

大约6岁时,一天下午,我站在垃圾堆旁看别人杀鸡,突然闪出一个念头:"总有一天我也会像这只鸡一样死亡!"

意识到自己会死之后,我害怕得要命,仿佛魂魄被吸走,一个人呆傻地坐在地上。

我想:"我死之后,我的一切都没有了,我见不到爸爸,见不到姐姐,也见不到其他小朋友了。"

想到这些,我陷入了更深的恐惧和无助,不吃不喝,哭了很久,孤独之极。

现在想来,我害怕死亡,其实是害怕关系的消失,因为我死之后,我就从这个世界消失了,没有了亲人,没有了朋友,没有了喜欢我的人,也没有了讨厌我的人,我将独自沉入不可知的空洞和虚无。换言之,死亡,意味着我不存在了,我失去了与自己,与别人,与这个世界的一切联系。面对这样的空洞和虚无,有谁不恐惧和战栗呢!

　　人活着就是在建立关系，恋爱关系、夫妻关系、家庭关系、亲戚朋友关系、同学同事关系、上下级关系……一旦你在某方面的关系坍塌了，说明你的那方面已经死亡了。人生的饱满其实是关系的饱满，深入的关系能给人带来坚实的存在。但是，随着将关系推向深入，我们或许会感受到"他人即地狱"这句话的深刻含义。作家史铁生说："人与人的交往多半肤浅。或者说，只有在比较肤浅的层面上，交往是容易的。一旦走进深处，人与人就是相互的迷宫。这大概又是人的根本处境。"

　　深入人与人的关系，我们感受到的往往并不总是温暖与幸福、快乐与喜悦，还伴随着分歧与冲突，挤压与驱使。在人性的深处，每个人都是自恋的、固执的，都会按照自己的想法改变别人。在看似彬彬有礼的背后，深层的冲突和碰撞异常激烈，令人感到厌恶、憋屈和窒息，也让人真切感受到，社会犹如一个熔炉，试图将里面的所有东西都熬成一锅粥，让每个人都失去完整性、独特性和个性。

　　水最容易消失在水中，人最容易消失在人群中。在深层关系中迷失，让我们变得极其平庸，极其愚蠢，沦为一群乌合之众。

　　然而，斯科特·派克这本《少有人走的路5：不一样的鼓声》却醍醐灌顶，让我们猛然醒悟：在关系的深处，我们其实不必成为一锅粥，每个人都可以像沙拉一样保持各自完整的成分和丰富的口感，彼此都将对方视为珍贵的生命体，相互接纳、相互欣赏，让关系充盈着真实、真诚、同情和善意。斯科特·派克用毕生精力努力建立"真诚关系",并把这样的群体称为"真诚共同体"(Community)。

真诚关系最重要的特征之一,就是聆听不一样的鼓声,接纳个体的差异,尊重每个人的个性、欲望和情感,不排斥,不强迫,让他们自由自在地成为真实的自己。当一个人在如此真诚的深层关系中将自己的生命慢慢展开,他也就成了一个完整的人。

真实与完整是相辅相成的。

真实造就完整,完整确保真实。

不真实,必然导致不完整。我认识一个女孩,人很漂亮,工作也前程似锦,是典型的"别人家的孩子"。但奇怪的是,她自身条件这么好,却30岁了还没谈过一次恋爱,而且一涉及这个话题就如临大敌。一切源于她青春期时的遭遇,因为暗恋男生的事被妈妈发现了,妈妈勃然大怒:"小小年纪就想着勾引人,不要脸!"妈妈的话在她的心里凿了一个"洞",她真实的需求从这个洞不断流走,导致她后来即使到了可以谈恋爱的年纪,也觉得爱慕异性是件羞耻的事。有同事曾经追求过她,她其实也对对方心存好感,但为了掩饰真实的情感,故意表现得十分冷漠,最终错失了这段姻缘。

青春萌动是人性的自然,任何压制和屏蔽,都会导致人无法面对真实的自己,而真实一旦无法保证,完整性也必然遭到破坏。就像这位女孩,当她作为女性的真实性遭到重创后,内心的洞难以修复,完整性也就无法保全,以至于在生活中无法拥有完整的人际能力,成了"恋爱无能"。

心理学家荣格说，人成长的过程就是成为真实自己的过程，他将这个过程称为"个体化"。人如果充分地实现了"个体化"，成为他自己，那么他一定是独特的、真实的，同时也是完整的，具有包容性的。这意味着他能够接纳别人的不同和差异，倾听不一样的鼓声。

我曾经对人性感到悲观，对乌合之众感到绝望。但荣格的观点和派克的实践在这里天衣无缝地结合，让我相信，人完全可以在真诚的关系中成为真实而完整的自己。

成为自己，而不是别人，是每个人来到世上的使命。

祝愿那些勇敢的人们，在这条少有人走的路上，聆听着不一样的鼓声，不畏艰险，不惧风雨，一路前行！

正清远流

序言

  这是一个故事,又或许是个神话。与其他神话故事一样,它流传甚广、版本众多,而我要讲述的这个版本,源头已无从考证。我不记得何时何地听说过或读到过它,甚至不确定是否篡改了其中的片段。唯一能确定的是,故事的名字叫《拉比的礼物》。

  故事是关于一个没落的修道院的。它曾拥有辉煌的过去,但随着十七、十八世纪反宗教浪潮的涌现和十九世纪世俗主义的兴起,如今只剩下残垣断壁,神父和仅存的四名修道士均已年逾七十,共同生活在腐朽破败的主建筑里。显而易见,这是一个正逐渐走向衰亡的团体。

  环绕修道院的密林深处有一座小屋,一位来自附近城镇的拉比时常隐居于此。通过经年累月的修行,这些年迈的修道士们渐渐有了些神奇的能力,每当拉比隐居在他的小屋里时,修道士们总能有所感知。"拉比在林子里,拉比又在林子里了。"他们相互窃窃私语。岁月流逝，眼看自己所带领的团体行将消亡，神父的内心备受煎熬。终于有一天，他决心造访拉比的小屋，向他请教重振修道院的秘诀。

拉比对神父的到访表示欢迎，但当神父解释了自己此行的目的后，拉比只是怜悯地说道："我明白。"他感叹道："人们失去了信仰，我所在的城镇上情形大抵如此，几乎没有人再去会堂了。"两位年迈的老人潸然泪下。之后他们共同研读了《托拉》的部分章节，并讨论了一些深刻的话题。当神父即将离开之时他们拥抱了彼此。"这么多年我们终于见面了，这真是一件伟大的事，"神父说，"但我并没能达成此行的目的。你真的没有任何忠告能给予我吗？哪怕只言片语，告诉我如何才能挽救我日渐衰落的团体。"

"没有，我很抱歉。"拉比回答，"我没有什么忠告可以给你，我唯一可以告诉你的是：上天选中的人弥赛亚，就在你们中间。"

当神父回到修道院中，修道士们围上来询问他："那个拉比怎么说？"

"他没帮上什么忙，"神父回答，"我们只是一同流泪，一起阅读《托拉》。然而就在我要离开的时候，他明确告诉我——这事说来有些蹊跷——他说弥赛亚就在我们中间。我不明白这意味着什么。"

日复一日，年复一年，这些年迈的修道士们反复揣摩着这句话，希望参透字里行间的隐喻。弥赛亚就在我们中间？他的意思是在这间修道院里的修道士中间？如果真是这样的话，会是谁呢？是神父吗？没错，如果他指的是我们中的任何一个，那一定是神父，他是我们的一代领袖。等等，或许指的是托马斯？他是一个如此圣洁的人，谁都知道他光明磊落。一定不是艾尔利德，他脾气太古怪。不过仔细想想，尽管他总是跟别人对着干，事后回顾起来，他往往是对的。没错，他一贯正确。也许拉比指的就是艾尔利德吧。反正肯定不是菲利普，菲利普太被动了，完全就是个隐形人。但神奇的是他似乎有种天赋，不知何故，当你需要他的时候他总会适时地出现。也许菲利普就是弥赛亚。拉比说的一定不是我。完全不可能，我只是个再平凡不过的人罢了。但会不会拉比真的这么认为，我就是弥赛亚？哦，天呀，这不可能。我对人们而言没那么重要。难道，我真的有那么重要吗？

在这一想法的驱动下，尽管弥赛亚就在他们中间的可能性很小，但这些年迈的修道士们相互间开始变得极为尊敬；尽管弥赛亚就是他自己的可能性更是微乎其微，但他们仍然开始倍加尊重自己。

由于修道院坐落在一片美丽的森林里，人们偶尔仍会来这里的小草坪上野餐，或者在其间的小径上徜徉，有时甚至走进残破不堪的礼拜堂内冥想。每当他们这样做的时候，会在不知不觉间被萦绕在这五位老修道士身边庄严肃穆的气息所感染，这气息似乎从他们身上自然而然地散发出来，弥漫在这里的每一个角落。这气息中有种神奇的吸引力，甚至如此打动人心。不知为何，人们开始更频繁地回到修道院野餐、嬉戏和祷告。他们开始带着自己的朋友前来，向他们展示这个神奇的地方，这些朋友又带来了更多新的朋友。

一些拜访修道院的年轻人开始和老修道士们攀谈起来，不久之后，其中的一个人询问是否可以加入他们，接着又是一个，渐渐络绎不绝。

几年之后，修道院重新恢复了往昔的繁荣。

《拉比的礼物》是我非常喜欢的一个故事，其中的寓意一目了然。我们都是脆弱的，都有这样那样的缺陷，就像那些修道士——艾尔利德脾气古怪，菲利普性格孤僻。但与此同时，我们又都是被上天选中的人，否则不会来到这个世界，所以我们都具有神性。只不过我们的神性包裹着一层厚厚的外壳，需要借助人与人的关系得以打开。当人与人建立起真诚的关系，当"我"发自内心地接纳"你"，尊重"你"，而"你"也发自内心地接纳"我"，尊重"我"时，人身上神性的光芒才能焕发出来。

接纳，意味着认同别人身上不同的东西；尊重，意味着将彼此放在一个平等的位置，对自己和他人真诚以待。所以，这个故事还有一层寓意：精神信仰的丧失并不是人们不需要它们，恰恰是因为它们本身失去了真诚，有太多的欺骗、虚伪，以及太多的不真实。

在竞争残酷的今天，人们秉持着强悍的"个人主义"精神，不管不顾，一意孤行，但内心深处却充满了孤独、焦虑和恐惧，失去了与自己、与他人的联系，心灵逐渐变得苍白、虚弱和无力。我们必须认清现实，虽然自恋有合理的成分，但当自恋发展到一切以自我为中心时，必将走向自我毁灭。从根本上来看，自恋是既看不清自己真实的样子,也看不清别人真实的样子,是对自己和别人都不真实。

从古至今,我们从来没有像现在这样需要彼此,我需要你,正如你需要我,我们需要真诚的沟通,需要尊重彼此的差异,需要聆听着不一样的鼓声前行。

多年来,作为一名心理医生,我知道心理治疗本质上是在医生和患者之间建立起一种真诚的关系,而真诚的关系本身就具有强大的治愈力。

一个缺乏真诚关系的人,无疑会生活在孤独、紧张、抑郁和恐惧中,而深刻、真实和友善的沟通对于我们来说,则具有至关重要的意义。

一个靠谎言才能生存下去的社会,必然是一个病入膏肓的社会。

而在真诚的关系中,一切都将被治愈。

斯科特·派克

于康涅狄格州
新普雷斯顿市

目录

17 / 第1章
真诚的关系

孤立与分裂	19
顽强与柔软	23
我们是不同的琴弦，却弹奏出同一首歌	29
跛脚的英雄	39
压进去是抑郁，哭出来是治愈	45

55 / 第2章
独立与依靠

人的独立性	56
独立的人，也需要依靠	59
你我都有问题，但这没关系	62

第3章 真诚共同体

包容、承诺和共识	68
现实性	72
沉思	74
安全之所	76
心理防线与心理实验室	78
冲突可以优雅地解决	81
权力去中心化	83
一种更高的精神	85

第4章 危机与真诚关系

伤口是光进入你内心的地方	91
精神危机	93

目录

因为孤独，所以我们渴望真诚	98
真诚关系的原理	101

105 / 第5章
建立真诚关系的四个阶段

伪共同体	107
混沌	112
空灵	117
真诚共同体	129

135 / 第6章
建立真诚关系比治疗更重要

逃避真诚的四种方法	137
干预的时机	148

非语言行为与语言一样重要	156
快与慢并不是关键	158
承诺，我们没有逃跑路线	159
真诚关系的纽带：沉默、故事和梦境	161

167 第7章
进化的途径

真诚的关系，真心的欢笑	169
我们只是互相关照，并不是去治愈	170
人为塑造敌人，最具破坏力	175

179 第8章
人性的幻想

多元化的问题	180
我们是蛇，也是龙	181

目录

转型的能力	186
现实、理想和浪漫	189

193 / 第9章
爱的人越多，喜欢的人越少

精神成长的阶段	195
成长就是超越	207
没有故乡的人	210

215 / 第10章
空灵的意义

让内心变得像一张白纸	217
沉默的价值	219
消极感受力	222
没有什么事情是确定的	225

| 模棱两可的效力 | 228 |

233 / 第11章
不设防

没有受伤，何谈治愈	236
不设防的风险	238
融合性和完整性	240
我们是否遗漏了什么	242

247 / 第12章
不一样的鼓声

权力的傲慢	250
无知的山谷	253
信任与包容	255
接纳即治愈	257

将内心呈现出来,它将拯救你;
如若不然,它将摧毁你。

第 1 章

The Different Drum

真诚的关系

现在，我们如此孤独，如此焦虑，如此抑郁，很大一个原因是长期以来缺乏真诚的沟通，没有相互接纳和认同。很多时候，人与人之间的关系纯粹是一种利用关系，我们与别人相处就像是使用一把椅子或者铁锹，不会把对方视为一个完整而独特的生命体，不会考虑对方的感受，不会尊重对方的意愿，我们是高度自恋的，唯我独尊的，十分霸道和强悍的，而对方则是被压抑、被强迫、被塑造的。

事实上，在我们的周围，大多数的关系都是如此，比如，父母常常对孩子说："你必须按照我说的去做，才能得到爱。"或者："如果你违背我的意愿，就将受到惩罚。"在这种关系中，世界犹如一个熔炉，将里面的所有东西煮成一锅粥，每个人都失去了完整性、独特性和个性。

与之不同，在真诚的关系中，人们彼此之间像沙拉一样保持着各种完整的成分和丰富口感，都将对方视为尊贵的生命体，人们相互接纳，相互欣赏，关系中充盈着真实、真诚、同情和善意。在这种多元化的链接中，每个人都是不一样的，各自都有鲜明的特点和差异，人人都可以做自己，因而不再压抑、孤独、焦虑和抑郁，生命充满了激情和创造力。

虽然这种真诚的关系十分稀少，却是弥足珍贵的，具有强大的治愈的力量。

孤立与分裂

几百年前，当一大批具备开拓精神的欧洲移民即将下船登上这片广袤的土地时，马萨诸塞湾第一任州长约翰·温斯罗普对他们致辞说："我们必须为彼此感到高兴，设身处地为别人着想，一同欢喜，一同悲悼，一同劳动和受苦，永远要看到我们在这项工作中的使命和团契，我们的团契就像一个身体的各个组成部分。"

两百年后，法国人亚历克西斯·德·托克维尔游历了我们年轻的国度，并提出了一个心理学概念——"心灵习性"。他一方面对顽强不息的个人奋斗精神大加赞赏，另一方面也非常明确地提出了警告：除非我们的个人主义持续且有效地被其他习性所平衡，否则将不可避免地导致内心的分裂和孤立。

最近，备受尊敬的社会学家罗伯特·贝拉和他的同事振聋发聩地指出，我们的个人主义并没有找到内在的平衡，德·托克维尔可怕的预言已经一语成谶，孤立和分裂已经成为当今人们普遍存在的问题。

我对这种孤立和分裂有切身的体会。从5岁起到23岁离开家，我一直和父母一起住在纽约市的一栋公寓楼里。每一层有两套公寓，中间隔着电梯和一个小小的门厅。这座11层的建筑内总共住着22户家庭，结构十分紧凑。我知道门厅对面那户人家的姓氏，但从来不知道他们孩子的名字。在这18年里，我只去过他们家一次。我知道大楼里另外两家人的姓，但对其余的18户一无所知。我知道大部分电梯操作员和门卫的名字，却不知道他们中任何一个人的姓氏。

更为微妙而具有毁灭性的是，这座建筑的小型社会中所产生的怪异的地理性的孤立和分裂，在我的家庭中以一种情感孤立和分裂的形式映射了出来。我的童年大部分时间都感到幸福，既安定又舒适。我的父母给予了我充分的责任心和关怀，生活中充满了温暖、亲情、欢笑和喜悦。唯一的问题是，他们的某些做法令我无法接受。

我的父母很易怒。在某些罕见的情况下，我的母亲甚至会因为伤心而默默地、短暂地流泪——我一度以为这是女性特有的情绪表达方式。不过，在我的成长岁月中，印象最深的是，我从未听见父母提起过他们感到焦虑、担忧、恐惧或抑郁，哪怕仅仅一次。他们把内心的这些情绪掩盖起来，对外统统表现为愤怒。他们允许自己愤怒，却不允许自己有焦虑、担心、恐惧和抑郁，因为这些情绪是脆弱的表现，似乎他们可以永远凌驾于生活之上，纵览全局，掌控一切。他们是美国优秀的"顽强的个人主义者"。很显然，他们希望我也成为其中的一员。但问题在于我并不喜欢那样，也做不到，我想要自由地做自己。尽管家是安全的，但那并不是一个能让我按照自己的意愿，毫无顾忌地表达出焦虑、害怕、抑郁或是依赖情绪的地方。

我在十几岁时患上了高血压。我的确曾生活在"高压"之下。每当我感到焦虑的时候，都会因为焦虑本身而更加焦虑。每当我感到抑郁的时候，都会因为抑郁本身变得更加抑郁。直到30岁接触精神分析之后，我才开始意识到从精神层面来看，对于我个人来说，焦虑和抑郁都是可以接受的情绪。通过心理治疗我才明白，我在某些方面是脆弱的，就我而言，在精神上寻求支持和在物质上寻求支持同等重要。有了这些领悟之后，我的血压开始下降。但是，充分治愈是一个漫长的过程。即便到了50岁，我仍在学习如何向别人寻求帮助，如何在脆弱的时候不畏惧展现出自己的脆弱，如何允许自己适时地收起强撑心理，击碎包裹心灵的那层坚硬的外壳，表现出对真诚关系的渴望和依赖。

强撑心理不仅仅让我的血压受到了影响，也让我在处理亲密关系时出现了问题。尽管我渴望亲密关系，却在与别人变得亲密的路上遇到了不小的麻烦，这并不奇怪。因为我的原生家庭就是这样。如果有人问我的父母是否有朋友，他们一定会回答："我们有朋友吗？天哪，当然了！不然我们怎么会在每个圣诞节都收到成百上千张的圣诞贺卡！"从某种层面上看，这个答案无可非议。他们过着异常活跃的社交生活，受到人们普遍的尊重——甚至喜欢。然而，若追溯"朋友"这个词的深刻含义，我完全无法确定他们是否真的有朋友。他们有一帮友善的熟人，没错，但没有真正亲密的朋友。他们也并不想要这样的朋友，因为他们从来不会向任何人敞开心扉。他们既不渴望也不信任亲密关系。而且，据我所知，在顽强的个人主义看来，他们正是那个时代和文化的典型代表。

但这也留给我一个说不清道不明的憧憬。我梦想某个地方会有一个女孩，一个女人，一个我可以完全坦诚相待、敞开心扉的伴侣，在这段感情中我会被全然接纳。在我看来这已经足够浪漫了，而真正不可思议的极致浪漫是这样一个朦胧的愿景：在一个团体中，人们彼此敞开心扉，坦诚相待。现在，我知道，正是隐藏在潜意识深处的这个愿景，最终推动我成为一名心理医生。

我曾经在一本书中读到这样的话：

> 将内心呈现出来，它将拯救你；如若不然，它将摧毁你。

我曾想，如果我没有按照潜意识的指引，没有呈现内心的真实，我会不会被摧毁呢？荣格说，拒绝袒露自己、拒绝正视阴暗面，试图将那些存在于我们自身却不被我们接纳和认可的部分，扫进潜意识的地毯下面，这是导致心理疾病的原因，也是邪恶的温床。而心理治疗，就是将隐藏在潜意识地毯下面的东西释放出来，找回真实而完整的自我。要实现这样的目的，必须在医生与患者之间、父母与孩子之间、丈夫和妻子之间、朋友和同事之间，建立起真诚和友善的关系。只有在真诚和友善的关系中，我们才能充分展示自己的脆弱、无助和缺陷，并完完全全接纳自己,成为自己。

顽强与柔软

上中学的时候,按照父母的意愿,我被安排进了一所严格的贵族学校——菲利普斯·埃克塞特学校。但十五岁那年的春假期间,我坚决拒绝回到那所学校,这令我的父母非常郁闷。埃克塞特当时或许算得上是全美领先的顽强的个人主义培训学校。行政人员和老师们最引以为豪的就是他们不溺爱学生,能够培养出学生坚强的个性和顽强的竞争意识。他们可能会说:"速度是比赛的关键!"或者"如果你连芥末都不敢碰,那可太糟糕了!"抑或"恐惧是懦弱的表现,你必须变得顽强!"

虽然培养竞争意识的确能让人变得顽强,但也不可避免会产生攀比心理。我们与别人攀比,与理想化的自己攀比,与比自己强的人攀比。我们在攀比中苦苦挣扎,想要成为另一个人,而不是真实的自己。虽然有时候学生和老师间可能会形成某种温情的纽带,但这种不寻常的情况并没有得到鼓励。就像囚犯需要待在牢笼之中,学生们也有他们自己的小团体,而规则往往同样苛刻。学校攀比和从众性的压力是巨大的,任何时候,至少有一半的学生都处在被团体所遗弃的状态。事实上,在最初的两年里，我几乎将所有精力都投入到了"融入"这个团体的失败的尝试中。

直到第三年，我终于"融入"了，彼时我才发现，那并不是我想要的。在成为一名训练有素的顽强的盎格鲁·撒克逊裔美国人的路上，我隐约意识到自己很快会在这种独特的文化氛围里窒息，这意味着我将被摧毁。因此，尽管在当时的情况下看起来很荒谬，我毅然决然地做出了一个至关重要的决定：我退学了。

那年秋天，我开始在友谊学校重读十一年级，那是一个位于纽约市格林威治村边上的贵格会学校。现在我和我的父母都不记得当初是如何做出这个偶然性的选择的。无论如何，友谊与埃克塞特正相反：它是走读学校，而埃克塞特是寄宿学校；它很小，而埃克塞特很大；它从幼儿园开始共设立了十三个年级，而埃克塞特只有四个年级；它允许男女生同校，而埃克塞特当时只有男生；它是"自由的"，而埃克塞特是"压抑的"；它接纳任何人的感受，而埃克塞特却需要学生服从它的意愿；它是柔软的，而埃克塞特是顽强的。

在柔软的友谊学校，我觉得我回家了。

与其他很多事物一样，青春期是一个强烈的意识与激烈的潜意识相互交织的奇妙阶段。在友谊学校的两年，我从未真正意识到那里有多么的美妙。到那儿的第一周我便感到非常舒适，但从没想过这是为什么。我开始在智力、体力、生理、心理和精神等各方面茁壮成长起来。但是，这种蓬勃发展就好比一株干枯、凋零的植物接受雨露的恩赐般，发生在不知不觉间。在埃克塞特，十一年级的美国历史必修课上，每个学生必须在年底前完成一份十页纸、排版整齐的原创研究论文，并附有脚注和参考书目。我仍记得对于当时的我来说，这是个不可能完成的任务，我15岁的双腿根本迈不过这么高的门槛。当我16岁的时候，也就是在友谊学校的第二年，我需要重读十一年级的课程，因此再次和美国历史这门必修课狭路相逢。不过这一次，我不费吹灰之力地完成了4篇40页的论文，每篇论文都排版整齐，并附有丰富的脚注和参考书目。在不到九个月的时间里，一道可怕的障碍竟然变成了一种愉快的学习方式。我当然为这种变化而欣喜，但这变化发生得如此自然而然，我竟毫无察觉。

在友谊学校的时候，每当清晨醒来，我都对开始新的一天迫不及待。在埃克塞特时几乎不想从床上爬起来的过往迅速退到了记忆晦暗的角落里。我就这样接受了自己的新生活，像接受一件再自然不过的事一样。我把友谊学校当作了一件理所当然的事物，从未停下脚步，反思自己为何会如此幸运。直到三十多年后回想起来，我才有足够的意识去做这个分析。我希望我能记得更多。我希望自己在当时记录下了那些——现在已经永远失去的——有关社会学的细节，通过它们，我们或许可以解释友谊学校为何以及如何拥有这样独特的文化。但是我没有，因此我说不清来龙去脉。但是我有足够多的记忆可以证明，它的确是独一无二的。

在我的记忆中，尽管贵格会教堂的木制长椅实在硬得出奇——当然它们也是学校不可或缺的一部分，但人与人之间的界线却是柔软的。我们不用名字称呼老师，也不与他们"社交"。这是埃勒斯小姐，这是亨特医生。他们温和地与我们开玩笑，我们作为学生，也温和而欣然地回敬他们。事实上，他们中的大多数人都很善于自嘲。我从不害怕他们。

我们班里大约有20个人，除了个别几个男孩，大部分人都不系领带，没有着装要求（奇怪的是，我不记得任何要求——可能有一些——但似乎从来没有人遇到过麻烦）。我们这20个装束各异的年轻人，有男有女，来自纽约市的不同区域，背景也各不相同。我们中有犹太人，不可知论者，天主教徒和新教徒。我们的父母中有医生和律师，工程师和工人，艺术家和编辑。有些住豪华公寓；另一些则住在狭小逼仄的无电梯公寓里。这是最令我记忆犹新的一点：我们是多么的不同。

我们中有些人的平均成绩一直名列前茅，有些却一直处于中游。我们中的一些人显然比其他人更聪明、更漂亮、更帅气、更成熟或者更世故。但是没有派系，没有攀比，没有遗弃。每个人都被尊重。几乎每个周末都会举行派对，但从来没有人列出清单，明确表示邀请谁或不邀请谁，所有人都被默认是受欢迎的。有些人很少来参加聚会，那是因为他们住得很远，或是有其他更重要的事情要做。我们中的一些人开始约会；另一些则没有。我们中的一些人走得比其他人更近，但没有人被排除在外。主观上，有一件事使我记忆犹新，那就是我从没想过或尝试过成为除我自己之外的任何人。别人似乎也不希望我有什么改变，同时也不想变成除了她/他自己之外的其他人。

这也许是我人生中第一次完全自由地做自己。

我也在不知不觉中，成为接下来的这几页中所描述的悖论的一部分。友谊学校营造了自我蓬勃发展的氛围，然而，无论我们的个人背景或信仰为何，我们都拥有真正的"友谊"——没有嫉妒，没有攀比，反倒有很强的凝聚力。一些贵格会成员自称为"友谊的规劝者"，其实除了偶尔有场短暂的静默会之外，贵格会的规则甚至没有被传授过，更不用说强行往我们的喉咙里塞了，奇怪的是，我们每一个学生都被"友善的规劝"自然而然地感染了，主动地变得非常自律，并充满了活力。

这样的经历让我明白，成长是内心的意愿，不是外在的强迫，而攀比恰恰是外在的一种挤压，对自我具有极大的破坏性。攀比会扭曲人的视线、扼杀人心，让人变得野心勃勃、残酷无情，最终带来不幸。而接纳真实的自我则能给人带来真正的创造力。所以，避免让孩子在攀比的环境中成长，才是教育真正的目的。

同时，我也清楚地认识到，虽然个人主义伴随着它的荣耀，但它完全不是"顽强的"，我再一次想起了"柔软"这个词。克里希那穆提说：

> 让自己的心保持柔软。真正的力量并非植根于坚定的意志和强壮的体魄，而是蕴含在柔软的心灵中。

在埃克塞特,"顽强"差一点将我摧毁,而在友谊学校,我的心却变得柔软,并充满了强烈的成长的意愿和力量,这与埃克塞特的竞争意识完全不一样。在友谊学校,即使在同一个班级里,我们之间的凝聚力也是柔软的,并不存在班级内部的竞争。我回想起了有关聚会的最后一个细节,我们中的一些人与比我们高年级或低年级的人约会,甚至包括毕业生或其他学校的人,这些或年长或年轻的兄弟姐妹都常来参加我们的派对。奇怪的是,与我之前的设想不同,我既没有看不起比我小的,也没有高看比我年长的。

　　即使考虑到回忆对过往经历的美化,这也仍是我的黄金时代。但是,如果我说一切都是完美的,那一定是在说谎。虽然被美妙地安抚着,青春期常见的不安全感依然困扰着我,萌芽的性别意识也常常使我无比困惑。一位老师,尽管可爱,却是个酒鬼。另一位虽然很出色,却一点也不可爱。我还可以继续这样品评下去,尽管它是下意识的,尽管它被许多因素所抑制,尽管我当时有些手足无措,但回想起来有一点是清楚的:在这两年中,我第一次体验到了我融入了真正的真诚关系中,这种感觉在之后的十几年都不曾体验过。

我们是不同的琴弦,却弹奏出同一首歌

当我在位于旧金山,隶属于美国陆军的莱特曼综合医学院进行为期三年的精神病学培训期间,一位在军队任职的资深精神病学家麦克·贝吉里加入了这个学院。在他到来之前,学院里盛传有关他的谣言。大多数人认为他是个无能、疯狂,或两者兼备的人。然而我非常尊重的一位教员却将麦克形容为"军队中最伟大的天才"。我曾经提到过,当我遭遇困难时曾向这位英俊、杰出的老师寻求过帮助。当时我正深受"权威问题"的困扰,因而接受了心理治疗,这一治疗帮助我解决了困难。无论如何,那年初秋,麦克已经成了我的良师益友。

那一年的12月,麦克提出要为我们36个工作人员组建三个心理小组,2月至4月期间,每月各一个。我们知道麦克在英国塔维斯托克研究所待过一段时间,在那里教授和推广英国精神病学家威尔弗雷德·比昂关于组织行为学的理论。麦克宣布,这些小组将依据"塔维斯托克模型"进行引导。每个小组最多容纳12名参与者,参加与否完全出于自愿。在那之前,我在集体治疗方面的训练和经验都极度平庸。但是我非常敬佩麦

克，渴望参与和他相关的任何活动。因此我报名参加二月份第一批12人的"小组试验"，另外还有12个人自愿参加三月份或四月份的小组，他们的小组最终于四月份成立。其余12个人则决定放弃这个机会。

二月份的一个星期五，晚上八点半，我们第一批的12个人——几乎都是相对年轻的男性精神病学家、心理学家或社会工作者，在马林县附近一个空军基地的一间空置的营房内，开始了我们与麦克的马拉松式的周末会议。我们每个人都已经工作了整整一天，非常疲惫。在会议上，没有人告诉我们何时可以睡觉，何时该醒来，何时用餐，也没有人告诉我们第二天具体要做什么。然而，那个周末发生了三事，给我留下了难以磨灭的印象，其中的第一件可以算是我曾经历过的最神秘的体验。

坐在我旁边的是一位来自爱荷华州的年轻的精神病学教员，他很快就毫不犹豫地表现出对我东海岸特有的矫揉造作以及略显"娘娘腔"的装束不屑一顾。我当即反击，我对他身上那种中西部式的莽撞和他所抽的重口味的雪茄也非常反感。星期六凌晨两点左右，他在椅子上睡着了，开始大声地打鼾。起初看起来有些可笑，但几分钟之后，他喉咙里发出的噪音开始让我感到厌恶。他完全分散了我的注意力。为什么他不能像我们其他人一样保持清醒呢？我不禁思忖。既然他选择作为这项实验的志愿者来到这里，那么至少应该有不要用丑陋的鼾声影响别人的纪律性和自觉性。一波接一波的愤怒在我的内心翻涌。当我看到他旁边的烟灰缸里四根吸剩的臭气熏天的雪茄，他咀嚼过的那一端还沾着湿漉漉的口水时，我的愤怒到达了极点。我彻底义愤填膺了。

但是紧接着，一件最奇怪的事情发生了。正当我充满厌恶地看着他的时候，他变成了我。又或者，是我变成了他？无论如何，我突然看见自己坐在他的椅子上，我的脑袋向后仰着，鼾声从我的嘴里发出来。我清醒地感觉到自己的疲惫，我突然意识到他是睡着的我，而我是醒着的他。他正在替我睡觉，而我正为他醒着。我对他的感情转变为一种关爱。愤怒、厌恶与仇恨的浪潮瞬间被爱与关怀的浪潮所取代，并持续了下去。几秒钟之后，他在我眼中又重新变回了他自己，但有些东西已经被彻底改变了。当他醒来后，我对他的关爱之情依然存在。尽管我们从来没有成为最亲密的朋友，但是在接下来的六个月里，我们尽情享受着一起打网球的美好时光，直到我被重新分配到其他地方。

我并不知道这种神奇的经历究竟是如何发生的，但我知道疲劳会使"自我界限"变得模糊。我也同样知道，现在的我不再只是被动接受，而是可以主动选择——我可以选择把自己讨厌的人变得不那么讨厌，并且明白我们在自然界中彼此都扮演着重要的角色。也许是因为我不再需要，从那之后，我再也没有过这样激动人心的神奇经历。但在十八年前，我确实很需要它。除此之外，没有别的方式可以让我对来自爱荷华州的精神病学家萌生出关爱之情。除非醍醐灌顶，或是在某种机缘巧合下打破了自己内心利己主义的窠臼。

我把我的神奇经历告诉了其他人，他们也感到很神奇，并为此兴奋不已。到了清晨五点，大家都有些精疲力竭，马拉松式的会议自动暂时停止，我们睡了两个小时。但是，周六上午九点左右，不知道什么原因，我开始感到有些抑郁。午餐休息时，我把自己的感受告诉了另外两个一起就餐的组员。于是，发生了第二件令人印象深刻的事。

"我不明白你怎么会这么想，"他们如此回答，"小组进展良好，我们都觉得棒极了，即使你不这么想。"

我被我们看法的不一致所困扰，所以在星期六下午一点的小组会议上，我又谈到了这个问题。几乎所有其他的小组成员都不约而同地谈论着他们在小组中感受到的喜悦，以及我们的一些经历。我显得格格不入。他们想知道我是怎么了，为什么没有像他们那样享受这段美好时光，这令我更加抑郁。他们都知道我当时正在接受心理治疗，于是询问我是不是和我的精神分析师之间存在什么问题，以至于我不合时宜地把这些问题带到了小组中。

现在是下午两点。在之前的几个小时里，除了我们的导师麦克之外，唯一没有发言的人是理查德，他是个异常疏离、缄默而超然的人。"也许斯科蒂（斯科特的昵称）是整个小组抑郁情绪的代言人。"理查德毫不客气地评论道。

小组成员们立即把矛头指向了理查德。"多么奇怪的说法，"他们宣称，"毫无道理，凭什么让某个人作为整个小组抑郁情绪的代言人？简直是无稽之谈，这个小组里根本不存在抑郁情绪。"

接着他们的关注点又回到了我身上。"很明显你的确有问题，斯科蒂，"他们接二连三地说，"事实上，这是一个很严重的问题，并不是这样一个短期小组所能解决的。""显然你应该在第一时间和你的精神分析师谈谈,这与你的治疗息息相关,同时你不应该将它带到这里来影响我们的小组工作。""也许你病得太严重了,真的不适合参加这类小组体验。""或许现在离开这个团队对你自己和我们其他人来说都是件好事。""尽管现在是星期六下午,也许你的精神分析师仍愿意今晚在紧急情况下见你一面。"

三点了。我愈发感到抑郁,仿佛自己是个弃儿,似乎到了为了不使我的精神疾病成为组织的负担而不得不离开的时候。就在此刻,导师麦克发话了,也是当天的第一次发言:"一小时以前理查德说,也许斯科蒂是整个小组抑郁情绪的代言人。作为一个群体,你们选择忽视这个建议,或许你们这样做是对的,或许你认为斯科蒂的抑郁跟我们其他人没有任何关系也是对的,但是我进行了一次观察,直到今天早上五点我们短暂休憩之前,曾有很多的笑声,那代表一种欢乐的情绪。正如你们所知道的,从那之后我什么都没说,但是我一直在观察你们,我想告诉你们的是,今天早上九点以后,这个小组里没有人笑过。没错,在过去的六个小时内,整个小组里没有一个人笑过。"

所有小组成员都错愕不已,短暂地沉默后,一个组员说:"我想念我的妻子。"

"我也想念我的孩子们。"另一个人补充道。

"这里的伙食太差了。"第三个人说。

"我不知道我们为什么要大老远跑到这个愚蠢的空军基地来做这么愚蠢的事,"另一个人又说,"如果我们回到普雷西迪奥,本可以节约很多时间,还可以回家睡个好觉。"

"而且你的领导力实在太糟糕了，麦克，"另一个人说，"正如你自己所承认的那样，你在过去的六个小时内没有说过一句话，你应该更积极地领导我们。"

当每个人都发泄出了愤怒、挫败和怨怼这些造成抑郁情绪的感觉后，欢笑和愉悦的精神又回归了这个群体。我，毫无疑问地，因为从弃儿到"先知"的身份转变而倍感欣慰。"先知们"总是不可避免地成为坏消息的信使。他们宣布社会所出现的问题，就像我在我们的小社会里所做的那样。但是人们并不喜欢听到有关自己的坏消息，这就是为什么"先知们"通常不是被诟病，就是成为替罪羊。这段作为一个小小的"先知"而成为替罪羊的经历是如此精炼、清晰和个人化，因此对我大有裨益。从那以后，每当我在某方面与别人不一致的时候，我从不完全肯定是我错了，而每当我站在大众一边的时候，我也从未沾沾自喜地确定自己是对的。

那的确是个硕果累累的周末，发生的第三件令我记忆犹新的事情相对缓和，不像第二件那么具有潜在的凶险。当小组停止了寻找替罪羊的行径并消解了抑郁的情绪之后，整个周六晚上都沉浸在一片平静而祥和的氛围中。我们一致决定，经过这疲惫的一天，我们值得拥有一次合理的睡眠。我们在晚上十点钟结束工作，约定星期天早上六点继续。当我们一起迎接加利福尼亚的黎明时，每个人都精神焕发。然而在一个小时之内，不和谐的音符再一次出现了。大家开始毫无缘由地互相嘲讽。只是这一次，我们已经学会把整个小组看作一个有机的整体，从而像对待生命体一样关注它的健康。因此很快便有人指出："嘿，伙计们，我们似乎把它弄丢了，我们的灵性消失了，怎么回事？"

"我不知道别人怎么样，"另一个人回答，"但是我一直感到烦躁，我并不确定是为什么。在我看来，我们关于人类命运和精神成长的话题太天马行空，不切实际了。"

有几位组员点头称是。

"关于人类命运和精神成长的话题怎么会不切实际？"另一位反驳，"在我看来它至关重要。它是一切行动的开端，它是生命的全部意义，它是万事万物的根基，以上帝之名。"

我们中的另一些人同样点头称是。

"当你说'以上帝之名'的时候，在我看来恰恰暴露了问题之所在，"同意第一种观点的其中一个人说道，"我不相信上帝。之所以说你们不切实际，是因为你们滔滔不绝地说着上帝、命运和精神，仿佛那些东西是真实存在的一样。事实上，它们中的任何一个都无法被证实是真实存在的，它们无从捉摸，只令我心生寒意。真正值得我关注的是当下，是此时此刻。我该如何谋生，我的孩子患了风疹，我的妻子体重超标，精神分裂症该如何治疗，以及明年我是否会被分配到越南。"

"我可能会这么说，我们似乎分成了两个阵营。"另一位组员委婉地插话。

突然之间，整个小组都因为他的解释过分委婉而哄堂大笑起来。"你可能会这样说——是啊是啊，的确，你只是可能。"一个人拍着大腿大笑着说。"只是可能看起来似乎是那样。"另一个人应和道。

自此，伴随着愉快的心情，我们秉承着公平的原则，开始着手进一步阐明我们之间的分歧。我所属的阵营认为其他六个人归属于现实派，而他们则认为我们是在为圣杯护旗，从此将我们称为圣杯守护者。麦克不想打破这一平衡，因此拒绝参与进来。

由于我们的组织已经变得高效，麦克曾经说过，比昂将其定义为"工作组"——我们很快意识到，在仅剩的有限的时间内，现实派将无法帮助我们这些圣杯守护者达到我们在认知上的追求，也不可能阻止我们追寻精神上的镜花水月。同样，我们也接受了这样一个事实，即在剩下的几个小时里，我们也无法将现实派们从他们粗俗的唯物主义中扭转过来。因此我们接受了彼此的不同，把我们的分歧搁置一旁，成功地延续了我们的工作。

小组工作已接近尾声。而此刻，我们将这个即将消失的组织当作一个既不是纯粹的唯物主义，又不是彻底的唯心主义的有机体来对待：我们将其诉诸神话。整个过程中，每位组员都抛出一个新的细节，大家同喜同悲。我们编织了这样一个神话故事：我们就像一只巨大的海龟，来到沙滩上产卵之后，终将蹒跚着回归大海中死去。那些产下的卵是否可以成功孵化，则完全取决于命运。

解决现实派们和圣杯守护者们之间的摩擦，是我在解决群体冲突方面的第一次经历。我之前并不知道，一群人可以承认他们之间存在的分歧，并将它们放在一旁，仍然彼此相爱。我也不知道如果我们能够长时间共同工作，那些分歧会发生怎样的转变。

但在那段短暂的时光里，我目睹了人类对分歧的庆祝和超越。这让我想起了纪伯伦的诗句：

> 一同欢快地歌唱，一同欢快地跳舞，
> 但要给对方独处的自由。
> 就像每根不同的琴弦，
> 即使在同一首音乐中颤动，
> 但，你是你，我是我，彼此独立。
>
> 敞开你的心，但不要将心交给对方保管。
> 因为唯有生命之手，才能容纳你的心。
> 站在一起，却不可靠得太近，
> 君不见，寺庙的梁柱，它们各自分离，却能让庙宇屹立。
> 而橡树和松柏，也不在彼此的阴影中成长。

我们是不同的琴弦，却弹奏出同一首歌。这就是那年2月，在麦克·贝吉里领导的非凡的马拉松心理小组里发生的，最令我印象深刻的三件事。但是我更清晰地记得，最令我震撼的并不是其中任何一件事，而是一种愉悦的感觉。

真诚的关系在紧张程度上大相径庭。在友谊学校我们的真诚关系是相对宽松的。学生和教师之间是相互分离的。我们住在城市的不同地方，分别与我们各自的家人和朋友打交道。大多数的时候，即使我们在一起，也把注意力放在学习上，而不是我们相互之间的关系上。当我在友谊学校时，正如我所说的那样，每天早上都渴望着新一天的到来。这种感觉有点类似于喜悦，却更加柔和。用一种更为准确的方式来描述应该是这样的：简单说来，那几年我超乎寻常的快乐。

与之相反，麦克·贝吉里的小组则超乎寻常的紧凑、短暂而紧张。我们13个人聚在一起的42小时内，我们将75%的时间用于关注我们之间的相互关系。在这段经历中，有很多抑郁、怨恨、烦恼甚至无聊的时刻，但是仍有喜悦点缀其间。我在友谊学校所体验到的幸福感被浓缩成了十分之一的精华，不再能被简单的"幸福"一词所定义，而只能用"喜悦"来表达。

之前我也曾感受过同样程度的喜悦，但这是我第一次了解到它可以如此频繁和持久。也正因为这是我第一次经历，我当时并不知道该如何定义它。但现在我知道这是真诚关系所带来的喜悦。现在我也知道，与小小的幸福感一样，真诚关系所带来的喜悦是一种副产品，而尊重自己的感受才是最重要的收获。简单地寻求快乐，你不可能找到它。寻求真实的自己，努力将自己在真诚关系中展开，你反倒能在这个过程中感受到快乐。你无法直接去寻求或把握住喜悦，但若投入到建立真诚关系的工作中，你便会得到它——虽然并不会遵照你的时间表。

到了总结的时候。我们在麦克·贝吉里小组中的12名成员一致认为，这个周末的小组活动非常成功。相反，从我了解到的情况看，四月份，麦克领导的第二个马拉松心理小组以惨淡的失败而告终。据说那是一个充满着悬而未决的冲突和无休止的愤怒的周末。时至今日，我仍对这一差异产生的原因充满好奇。我意识到了一个不同之处：我们第一个小组之所以选择了尽可能早的日期，很显然对这次经历充满期待；而第二组的人显然非常矛盾，因此选择了较晚的那个。因此我推测，正是我们组所怀有的期待，或者说开放精神，在极大程度上促进了它的成功。另外需要强调的一点是，如果不是因为麦克亲切、高度自律，甚至是卓越的领导才能，以及他引入的塔维斯托克模型（在第六章中我将会对它进行更详细的阐述），我们很可能无法实现并短暂地维护真诚的关系。不过，很明显的是，单凭他的领导才能和使用塔维斯托克模型，不足以确保任何组织都能创造出真诚的关系。

跛脚的英雄

我接下来的一次有关真诚关系的建立是在日本冲绳县，与上一次相同的是，它包含了12名男性，不同的是，在这一年的时间内，我们平均每周聚会的时间不超过一个小时。这是一段快乐而幸运的经历，欢乐中回荡着喜悦的余音。同时，它和麦克·贝吉里小组中更加紧凑的经历之间还有其他的关联，那就是每个成员都将自己内心深处的秘密用神话的方式呈现出来。我欣喜地见证了冲绳岛上的这个小组所创造的最精美绝伦的神话的诞生。

在冲绳县，我几乎负责向驻扎在那里的全部十万多美国军人及其家属提供精神类疾病治疗服务。其中绝大部分是门诊病人。门诊部人员严重不足，因此，我不得不最大限度地利用分配到我们诊所的年轻人。我发现经过一些训练，这些年龄从19岁到25岁不等的年轻人中的大多数都能够成为非常合格的心理治疗师。

这些年轻人在军队中的职位头衔是"心理技术员"。我们简单地将他们称为"技术员"。他们几乎都是因为同一个特殊原因来到这里。当时越南战争日益升级，征兵十分活跃。在校大学生如果能保持一定的平均成绩，就可以继续学习直到毕业。水平不达标的学生则有另外三种选择。第一种是逃到加拿大去。第二种是无助地等待，直到被征兵，然后由部队分配任意指定的兵种——包括步兵。第三种，或许算得上那个时期最聪明的选择，就是自愿参军。自愿应征入伍的学生可以选择一个自己相对感兴趣，而且不太可能将自己送上越南战场的工作。后者几乎是所有"技术员"都遵循的原则，也是他们来到冲绳岛的主要原因。

他们都上过大学，足够成熟聪颖，他们对心理学有足够的兴趣，因而选择了心理技术员的工作。入伍之前，他们已经在学校经历了基本的训练和额外的两个月的心理培训，之后才被分配到冲绳岛。渐渐地我意识到他们还有另外两个共同点：一是他们对自己的处境感到无助。虽然他们确实能够做出一些选择，但是他们的选择仍然主要由征兵条例和并非基于自己信仰的战争所决定。另一个是，他们都是失败者。具体而言，他们在大学里未能保持所要求的平均成绩,从而不得不终止学业。然而,这绝不是因为他们不够聪明。一些人太过频繁地参加聚会,另一些人在恋爱和毒品中迷失了自我。还有一些人,无论出于何种原因,对学习缺乏热情。无论如何,他们都失败了,而这一失败正是他们共同身份的重要组成部分。

我在麦克·贝吉里的马拉松心理小组的经历激发了我对小组工作的热情。为了获取更多相关的经验,同时协助技术员们调整状态,我问他们是否有兴趣以小组的形式,每周与我进行一个小时的会面。他们同意了,于是技术员小组便在那一年的五月正式组建。

两个星期之后,六月初,我接到了我的指挥官考克斯上校的电话。"斯考特(上校有严重的口音),"他以他独特的南方口音慢悠悠地说,"我想请你帮个忙。"

"当然,长官,"我回答,"尽管说。"

"我在这个岛上有个好朋友,也是个上校,他的儿子正在念大学,是个很不错的孩子。在国内学的专业是心理学,但他圣诞节前都不会回去。他现在刚好有时间,很想在心理学这方面做点什么,我想问问你们诊所那儿有没有志愿工作可以让他参与一段时间。"

"没问题,长官,"我立即回答,"很高兴这么做,您方便的时候把他送来即可。"

一小时后,亨利出现在诊所。我惊呆了。亨利患有严重的脑瘫。他唯一能做的事就是在诊所的走廊上痉挛着蹒跚而行。他的半边脸耷拉着，说话也含糊不清，只有渐渐适应了才能勉强辨识。大部分时间他都控制不住地流口水。我默默诅咒考克斯上校给我和我的公共诊所送来了这样一个怪物，更诅咒上帝创造出这样一个看起来像食人魔般的生物。我对亨利无可奈何，只得安排他做了文员，同时既然他已经临时成为团队成员之一，并且对心理学感兴趣，我邀请他加入了技术员小组。

在这个小组中，我意识到，亨利是我遇到过的最聪明、最敏感、最美丽的人类之一。几次会议之后——从很大程度上来说是在亨利的促进下——我们每周一聚的小组建立起了真诚的关系。此后不久，小组成员开始把各自内心的秘密编织成了一个神话故事，取名叫"阿尔伯特冒险之旅"。

> 阿尔伯特是夫勒斯诺市市长的私生子，先天畸形。他是如此畸形，只有一只手，而且是从额头中心长出来。小组成员们认为，正因为如此，阿尔伯特是这个世界上能够听到"一只手鼓掌的声音"的少数人之一。或许是因为具备这种独特的能力，又或许是因为受到他父亲的影响，阿尔伯特成了一个非常成功的劳工组织者，有史以来第一次联合了夫勒斯诺市的同性恋虾渔民。这里并没有明说，究竟是夫勒斯诺市的捕虾渔民本身是同性恋，还是这些"直男"渔民捕的是同性恋虾。无论如何，正是因为这项成就，阿尔伯特被政府派往冲绳岛，组织同

性恋虾渔民本地八十九号联合会。(第89条，是当时要求从军队解雇被发现的同性恋者的法律条款)。

在这个心理小组里，每个人都将自己隐藏在潜意识地毯下面的东西，通过神奇的故事呈现出来。由于呈现内心需要极大的勇气，也是一次冒险，所以我们才把这些故事称为"冒险之旅"。随着这个小组每个星期都在疯狂地拓展阿尔伯特冒险的新篇章，这个神话的内容层层叠加，日益丰盈起来。

可以说，这个小组中的每个人都是不完美的，都有这样或者那样的缺陷，形象地说，我们都是跛脚的人。亨利是跛脚的；士兵们也是跛脚的，因为他们不能完成学业，是大学里的失败者；而我也是跛脚的，十几岁曾患过抑郁症。不管是生理上的跛脚，还是心理上的跛脚，我们都在冒险故事中，将自己的残疾呈现出来，给予正视。请原谅我作为一个心理医生的职业习惯，因为我不仅记录下了这个神话故事如何帮助我们正视"跛脚"，还记录下了我们对家乡和亲人的思念，以及由此产生的焦虑，记录了我们在冲绳岛部队中的无力感，以及对军队粗暴对待同性恋者的厌倦，同时，也记录下了我们在性方面的压抑和苦闷。在每周一次的真诚关系中，我们见证了彼此的自我认同与相互接纳，每个人都从中感受到了人性的温暖和美好。

到圣诞节的时候，阿尔伯特历险记几乎可以写成一本书了。遗憾的是，我们从未将它写下来。第二年五月，亨利返回美国，一些技术员服役结束。与此同时，诊所搬到了一个新成立的医疗中心，而我成为该中心的负责人。这些因素和额外的职责导致我们不得不解散了技术员小组。但我会永远记住它的友情和创造力。不仅如此，每当我意识到自己的不完美，每当我深陷痛苦，急需抚慰的时刻，透过这些沉重，我至少可以回想阿尔伯特取得的那些胜利，并会心一笑。

我们之所以用故事或者神话故事来呈现内心，是因为它比其他类型的散文更能形象地描述人类的真实处境和潜意识的状态。克尔凯郭尔说："存在不能用概念去表达，并不是因为它过于一般和模糊，使人难以思考，相反，是因为它实在过于具体和丰富，一旦把抽象思维用于存在，存在就失去了丰富的具体性，从而消灭了存在着的个人。"虽然神话故事表面上有些怪诞，却能触碰潜意识，那其中的隐喻与原型、眼泪与欢笑，最接近内心那个真实的存在。例如，麦克·贝吉里小组给予了我太多的收获，没有一个短期的真诚关系可以与之相媲美。在这个心理小组即将解散时，我们用这样的文字来表达当时的感受："我们就像一只巨大的海龟，来到沙滩上产卵之后，终将蹒跚着回归大海中死去。"这种形象化的表达，令人心酸地道出了我们相处的时间太过匆匆这一不争的事实。伟大的英雄阿尔伯特则暗示着这样的真实：我们中有很多最强大，同时也是最弱小的人，我们确实是跛脚的英雄。

压进去是抑郁，哭出来是治愈

我已经叙述过，小时候我是如何受到顽强的个人主义的训诫的。焦虑、抑郁和无助是不应该表达出来的情绪，"男儿有泪不轻弹"。在这样的教育下，我自然而然地认为，男人是不应该流泪的。

在我大约六岁时的一个晚上，父母在镇上过夜。他们漫步在剧院区百老汇大街附近，当时那里沿街都是搞笑礼品的店铺，例如几分钟内就可以伪造一份报纸，带着诸如"哈里和菲利斯莅临本市"之类的恶作剧标题。第二天早上，我就收到了一份这样的"礼物"报纸。标题上写着："斯科特·派克作为世界上最伟大的爱哭鬼正式被马戏团聘用。"

不论正确与否，这种训练是有效的。我不能说从那之后我再也没有哭过，但我却一直努力控制自己，不当着别人的面哭泣。虽然我总是被电影里老套的伤感结局所打动，但是，我会在剧院灯光亮起之前赶紧偷偷地将眼泪擦去。最糟糕的一次发生在19岁时，由于我的原因与恋爱三年的女朋友分手，她不仅深深地关心我，而且给了我一个崭新的世界。分手后我万分痛苦，却极力控制住自己不在别人面前流泪,我一个人跑到漆黑的街道,泪水亦悄无声息。从6岁那年直到36岁,即使我经历了埃克塞特、友谊学校、米德尔伯里学院、哈佛大学、哥伦比亚大学、医学院、在夏威夷实习、在旧金山定点培训、冲绳岛,最终抵达了华盛顿,我再也没有当着别人的面真正地哭过。

34岁时,作为越南战争的反对者,我被选为前往华盛顿"从内部抗争的"部队的一员。起初这场抗争令人兴奋,然而紧接着却越来越沉重。我们从未在大规模的争论中赢得胜利,在小规模的争论中也节节败退。在为数不多的胜利中,有一半的成果,也很快因为变幻莫测的决策层这样或那样的召回行动,或那些无关紧要的历史问题而付之东流。我深感厌倦。两年后,为探索国家培训实验室与军队合作的潜在可能,我被派往缅因州贝瑟尔市的国家培训实验室(NTL)总部,体验他们为期12天的"敏感小组"。

我们实验室里大约有60名培训生。男女人数基本相当,我们工作时间的三分之一用于各种心理练习,有时作为一个整体,相应的,也会划分为小组。这些练习很有趣,通常也很实用且具有教育意义。但真正的回报来自所谓的"T小组",我们在其中花费了绝大部分的时间。实验室被分成四个T小组,每组除了专门的培训师之外,共有约15名培训生。我们的培训师是林迪,一个专业的、经验丰富的精神科医生。

我们这一组的16个人性格迥异。最开始的三天是在激烈的争执中度过的。并不枯燥乏味,但至少是焦虑甚至是不愉快的，很多愤怒被表达出来，偶尔甚至恶语相向。然而第四天发生的一件事很快扭转了这一局面。突然间，我们都开始相互体谅。接着一些人哭了，一对夫妇掩面而泣。我的眼中也噙着泪水，当然，并没有让它们滑落。对于我来说，这是欢乐的泪水，我明显感到正被渐渐地治愈。我们仍然有继续争执的时候，但再也没有恶语相向过。我在T小组里感到十分安全。在这里，我可以毫不避讳地做回我自己。我再一次找到了回家的感觉。我有过各种各样的情绪，但我知道，在这段有限的时光里，我们每位组员都彼此相爱，喜悦是我所感受到的最强烈的情绪。

第十天下午，我变得很抑郁。起初，我认为是工作的紧张和疲惫造成的，试图用午睡来摆脱它。但是很快，我再也不能否认，真正困扰我的是活动即将结束。在缅因州，沐浴在爱的氛围里，这种感觉太美好了，但仅仅两天之后，我就不得不重返华盛顿，开始令我厌倦的工作。我不想离开。

就在同一时段，当天晚些时候，我的办公室接到了电话通知。只不过是件小事，但在与长官交谈的过程中，我了解到晋升到将军级别的人选已经敲定。我们医疗机构中的上校落选了，他是个十分有远见的人，在某些方面给予我很多指导，我曾强烈希望他被提拔为准将，现在可以说，他的职业生涯基本结束了。取而代之的是那个机构中我最不信任的医生。我变得更加抑郁。

那天晚上，我是T小组里第一个发言的人。我告诉组员们，我感到十分抑郁,并解释了原因:我对晋升结果十分不满,同时为小组即将解散,而我将不得不返回华盛顿感到难过。当我说完的时候,其中一位成员指出:"斯科蒂,你的手在发抖。"

"我的手经常会不由自主地颤抖,"我回答,"从我很小的时候就开始了。"

"你的手臂看起来很紧张,像是准备要干一架似的。"另一个人说,"你在生气吗?"

"不,我没有生气。"我回答。

我们的培训师林迪从他坐的地方站了起来,拿着他的枕头走了过来,坐在我面前,他的枕头刚好位于我俩之间。"你是精神科医生,斯科蒂,"他说,"你完全清楚抑郁通常伴随着愤怒。我怀疑你确实在生气。"

"但是我没有感觉到愤怒。"我麻木地回应道。

"我希望你能为我做点什么,"林迪温柔地说,"你可能不想这么做,但我希望你能尝试一下,我们有时会做这种叫作'击打枕头'的练习,我想让你用力击打这个枕头,我要你把这个枕头看作军队,我希望你竭尽全力用拳头猛击它,你会为我这样做吗?"

"这看起来很蠢,林迪,"我答道,"但我敬爱你,所以我愿意试试。"

我握起拳头在枕头上软弱无力地捶打了几下:"这样做真的很尴尬。"

"使点劲儿。"林迪说。

我稍微加大了点力气，但它似乎耗尽了我的全部能量。

"用力，"林迪命令道，"这个枕头就是军队。你在生军队的气。击打它。"

"我不生气。"我的辩解和对枕头的击打一样乏力。

"不，你在生气，"林迪说，"现在，击打它，用力打，你在生军队的气。"

我乖乖地用力打了一下枕头，同时又说："我并不是为军队而生气，可能是因为体制，但不是军队，它只是整个体制的一小部分。"

"你在生军队的气，"林迪怒吼道，"现在，击打它。你在生气"。

我在抗议中提高了音调："我没有生气，我感到厌倦，不是生气。"

紧接着奇怪的事情发生了。伴随着虚弱，机械地击打着枕头，我恍恍惚惚地不断重复："我累了，我没有生气，我告诉你，我很疲惫，我深感厌倦。"

"继续打。"林迪说。

"我不是在生气。我只是累了。你不敢相信我有多疲惫。我对这一切都厌倦无比。"泪珠开始从我的脸颊滚落。

"继续。"林迪鼓励道。

"是这个体制，"我沉吟道，"我不痛恨军队。但我不能再和这个体制对抗下去了。我太累了。我已经疲惫了太久，正因为这么久才让我如此厌倦。"

疲惫感以排山倒海之势席卷了我。我开始啜泣。我很清楚发生了什么，我想停下来，不想看起来像个傻瓜似的流泪，不想成为马戏团的爱哭鬼。但这疲惫感来得太猛烈。我倾尽全力也无法克制住自己。啜泣声从我的喉咙里窜了出来，起初顿挫沉闷，断断续续。随着疲惫感的加剧，所有失败的争论，所有白白耗费的精力，所有无谓的挣扎历历在目。我任由内心的情绪奔涌，呜咽着，抽泣着。"但我不能放弃，"我脱口而出，"必须得有人待在华盛顿，我怎么能允许自己做那个离开的人？必须有人愿意在这个体制内工作，我很累，但是我不能逃避。"

我的脸被泪水浸湿了，鼻涕也肆无忌惮地流了出来，可我全然不顾。此刻我倒在枕头上，林迪抱着我。其他人也走过来抱住我。透过朦胧的泪眼，我看不清他们的脸庞。但他们是谁并不重要。我只知道我被爱着，那些唠叨的话，不争气的泪水和鼻涕，所有这一切，都被无声地接纳了。我任由回忆的浪潮将我裹挟。第一波是华盛顿：这个近一米高的，只允许"融入"者进入的大箱子、深夜写下的谈话文件、我所目睹的罪恶的谎言，和我所抗争的冷漠、自私以及被纵容的麻木不仁的混合物。当我敞开回忆的大门，更久远的疲惫的浪潮向我涌来：为了维系婚姻所做的努力、在急诊室里彻夜不眠的晚上、在医学院和实习期间32个小时的值班、抱着疝气痛的孩子在房间里焦虑地踱步……一浪接着一浪。

我哭了半个小时，把小组中的一位女士吓坏了。"我从没见人哭成这样过，"她说，"我们的社会对男人太残酷了。"

我微笑着望向她,眼眶依然湿润,但已不再哭泣。此刻,我感到身体如羽毛般轻盈,长期压抑在内心的重荷荡然无存。"您要知道,"我说,"我已经忍了30年。"

林迪已经穿过房间回到了自己的座位上。他说:"我现在要做一件我通常在这类小组中不会做的事。我想告诉你几件事情,斯科蒂。首先,我们非常相似,你和我,我不想告诉你应该怎样做,我真正想告诉你的是,我曾在一个市区内的贫民窟里工作三年后不得不离开,因此对你的感受深有体会,我曾认为留在那个贫民窟里是我对社会应尽的义务,必须有人留在那里,担负起这个责任,如果我退出了,那就是逃避,就是不负责任。但是我想你能理解,我必须走出去,它正在慢慢地扼杀我。我想让你知道,斯科蒂,我不够坚强,无法再坚持下去。"

我再一次默默地流泪了,并深深地感激林迪给予我的默许。尽管我并不知道在这个默许下我将会做出怎样的选择。

时间很快给了我答案。

一个月之内,为了建立我的私人诊所,我的妻子莉莉开始和我一起找房子。劳动节的时候我们找到了合适的房子,我也递交了辞职报告。我们于11月4日离开了华盛顿,距离我第一次哭泣的那个晚上仅仅过去了四个多月。

我又一次体会到了真诚关系的力量,以及它所具有的治愈的魔力,除了我所感受到的喜悦,更重要的是做自己的自由,这些经历改变了我的人生轨迹。很多人认为天下没有不散的筵席,在心理小组中建立起来的真诚关系毕竟是短暂的,因此,他们质疑这种所谓的治愈效果是否能持久。的确，这种效果往往是短暂的。但我可以告诉你的是，自从发生了那天晚上的事情之后，我再也不认为流泪是可耻的。而且，我现在可以真的哭出来，甚至在适当的时候痛哭流涕。在一定程度上，我的父母是正确的。我是"世界上最伟大的爱哭鬼"。

绝大多数群体并不具备治愈的能力，因为他们之间并没有建立起真诚关系。我在T小组的经历只是20世纪60年代至70年代初风靡这个国家的"敏感小组运动"的一部分。这个运动基本上已经夭折了。其失败的原因之一是，很多人发现他们在敏感小组中的经历非常不愉快。在"敏感"的名义下，更多地鼓励对抗而不是爱，这种对抗甚至往往是凶狠的。在我看来，这些运动的领导者在努力建立真诚关系的大方向这一点上毋庸置疑，但这个概念尚未明确，规则也不明晰。因此真诚关系的产生只是偶然现象，即使在很多条件基本一致的情况下也无法保证可以实现。正如麦克·贝吉里的第二个小组的失败一样，我了解到其他三个T小组也远没有我们成功。我不知道造成这种差别的原因是什么。我认为林迪优秀的、有教育意义的领导才能发挥了至关重要的作用。否则就只能说纯粹是因为好运了。

从友谊学校，麦克·贝吉里小组，冲绳岛的技术员小组和林迪的T小组这些群体中，我们可以看出，真诚关系是由不同类型的人组成的，每个人在其中都能被接纳和理解，并感受到人与人之间持久而无私的爱。尤其令人喜悦的是，这种关系可以复制和建立。自从确信一群截然不同的人亦能彼此建立起真诚关系，相互接纳，相互尊重之后，我从未对人类的处境彻底感到绝望。

> 一个人的最终目标,是要成为他自己,成为一个完整的、但又不同于他人的个体。

第 2 章

The
Different Drum

独立与依靠

人，生而孤独。

从某种程度上来说，这无法避免。和你一样，我是独立的个体，这意味着世上不会有另一个完全相同的我，我是独一无二的。作为我的这个"我实体"与曾经存在过的每一个，及其他任何一个"我实体"都是不同的。我们独特的身份特征，比如指纹，使我们成为与众不同的个体，可以清晰地相互区分。

这是必须的。这种独特性印刻在我们每个人的遗传密码中。我们每个人不仅仅是在生物性上与任何其他人有细微的不同，而且在各方面也有着本质的差别。这种差别从受孕的那一刻起便开始呈现。不仅如此，我们所有人都出生在不同的环境中，并根据各自特有的生活方式，朝着不同的方向发展。

人的独立性

人类的诞生是宇宙的奇迹，更神奇的是每个人都有独特的灵魂。哲学家已经基本得出了普遍的结论：人是多样性的。多样性令人愉悦。与人类世界相比，没有任何地方能呈现出更加明显和不可避免的多样性。

心理学家们，文学家们，几乎所有人都同意应该保留我们自身的独特性和多样性。他们认为，人类发展的目标是我们最终得以成为完全的真实的自己。他们有时把这称为"自由"的召唤——自由地成为那个真实而独特的自我。精神病学家卡尔·荣格将人的这个发展目标命名为"个体化"。荣格使用"个体化"（individuation）这个词，是要表达如下意思：人发展的过程是一个逐渐成为健全个体的过程，即一个人的最终目标，是要成为他自己，成为一个完整的但又不同于他人的个体。所以，"个体化"意味着人格的完善和发展，意味着接纳自己的缺陷，并在群体中具备包容性，意味着实现自己的独特性。

约翰·麦克马雷说："除了充分地、完整地、彻底地成为我们自己之外，我们的存在再也没有别的意义了。"

但是，由于各种各样的原因，我们中的大多数人并没有彻底完成这一过程，甚至仅仅停留在刚刚起步的阶段。在这些原因中，最重要的原因莫过于家庭。以我为例，我本来是"世界上最伟大的爱哭鬼"，但是在父母顽强的个人主义训诫下，我不被允许哭泣，我必须表现得坚强，不能展现丝毫的脆弱。而且父母按照他们的意愿将我送到埃克塞特学校进行严格的教育，这让我的"个性化"进程遭受了沉重的打击。幸好，我的抑郁帮助了我，它以心理疾病的方式提醒我不能再违背自己的意愿了。心理培训师林迪说，抑郁常常伴随着愤怒，但在很大程度上，抑郁也代表着绝望。克尔凯郭尔说："一切绝望都是源自于对'做自己'不再抱有任何希望。"

事实上，不能做自己，不仅会让人感到愤怒，也会让人感到绝望，这才是抑郁最深的"根"。同时，抑郁的价值也正在于此，如果我们敢于正视自己的抑郁，并由此触碰到灵魂，那么深刻而巨大的改变就会发生，我们将成为一个不一样的、独特而真实的自己。

生活中，大多数人，或多或少都在个体化的道路上失败了。我们无法与家庭、部落或种姓分离。即使到了晚年，我们仍然连缀在父母和文化的围裙上，对它们极度依赖。我们仍然受到父母价值观和期望的支配。我们随波逐流，跟随流行的风向前行，又俯首于社会的陈规陋习。

由于懒惰和害怕，我们害怕独立，害怕承担责任，甚至害怕莫名的害怕。我们从来没有真正学会为自己思考，也不敢与陈规旧习脱节。巴尔扎克说："一个能思考的人，才真是一个力量无边的人。"但是，当我们被懒惰和恐惧控制之后，我们却不愿意，也不敢去独立思考，虽然我们的身体已经成熟，甚至头发花白，但心智的成熟度依然还停留在儿童时期。从我们所了解的情况来看，这种个体化的失败是一种成长的失败，以至于我们不能成为一个健全的人。因为我们需要成为"个体"，所以我们需要呈现出作为独立个体的独特性和差异性。

与此同时，我们也需要权力。在个体化的过程中，我们必须掌握为自己负责的权力。我们需要发展自主和自决的意识。我们必须尝试并尽全力掌握自己人生航船的方向，成为自己命运无可争议的主宰。

此外，我们还需要保持完整性。我们应该发挥自身所具有的全部天赋和才能，尽可能全面地发展自己。女性需要加强男性化的一面，反之亦然。如果想要成长，就必须努力克服自身的弱点，加强那些阻碍成长的薄弱环节。我们应向着自给自足的目标努力，向着达到思想和行动独立所需要的完整性努力。

但这一切还只是成为完整的人所需要的一个方面。

独立的人，也需要依靠

的确，我们需要追求完整性。然而事实是，我们永远不可能依靠个人力量充分实现这一完整性。我们不完美，不可能面面俱到。我们无法在有限的生命里同时成为医生、律师、股票经纪人、农民、政治家、石匠和神学家。

的确，我们渴望权力。然而事实是，当权力超出一定范围，我们的决策不仅变得不准确，还会导致刚愎自用，最终加重挫败感。

的确，我们是具有独特性的个体。然而事实是，我们是天生的群居动物，人们热切地需要彼此，并不仅仅是为了生计，也不仅仅是为了陪伴，而是为了让生活更有意义。而这些，正是生长出真诚关系的种子。

在此我想引用我们许多人都有过的经历来阐述这一事实。为了使我们的婚姻成为两个人结成的真诚关系，莉莉和我共同苦心经营了多年。刚结婚不久的时候，莉莉做事有些缺乏条理性，甚至会专注于欣赏美丽的鲜花而忘记了重要的约会，或忽视承诺要写的信。与此相反，说得委婉一些，我从一开始就是个"以目标为导向"的人。我从来没有时间去嗅一朵花，除非它绽放的时间与我的日程安排恰好相符。根据日程安排，只有每隔两周的星期四下午两点到两点半是赏花时间，如果不下雨的话。我曾经斥责莉莉，因为她总倾向于谈论在我看来无关紧要的话题，同时无视文明时代最重要的仪器：时钟。

而在很多方面，她对我也同样苛责，例如我对守时近乎偏执的要求，以及坚持使用"首先""其次""再次""最后"这样迂腐晦涩的表达方式，将每一次谈话变成长篇大论。莉莉认为她具备更好的心理状态，我也坚持我所拥有的特质无与伦比。

之后，莉莉开始抚养我们的孩子，我开始写书。我并不是说我对孩子从来没有过任何付出，但我不能假装自己是个好父亲。我特别不擅长陪孩子们玩，根据日程安排无法和孩子们尽情玩耍，即使打破日程安排，思绪也会被承诺要完成的书稿章节之类的工作填满。然而，莉莉却可以带着无尽的耐心和无比的优雅陪孩子们玩耍，为他们奠定了一个我永远无法给予的基础。我也并不是说莉莉没有为我的书做出过贡献。正如我在《少有人走的路：心智成熟的旅程》的前言所写的那样："她一直默默给予，以至于根本不可能将她的智慧与我自己的区分开来。"她只是没有足够的时间周而复始地去写或修改句子、段落和章节。

因此，渐渐地，我和莉莉开始学会接纳彼此，将曾经认为的恶习视作美德，诅咒视作祝福，缺陷视作天赋。莉莉具有灵活性的天赋，而我具有条理性的天赋。我并没有学会像一个好父亲那样灵活自如地陪伴孩子们玩耍，莉莉也没有完全变得有条不紊。但是，当我们开始相互欣赏彼此不同的风格，并将其视作天赋的时候，我们逐渐缓慢地，当然也是十分有节制地把对方的天赋融入自己之中。最终，她和我，作为两个独立的个体，都日趋完整。然而，如果我们不首先考虑我们自身的局限性，并认识到我们彼此之间的相互依存关系，这是不可能实现的。事实上，如果没有认清这一点，我们的婚姻甚至都有可能触礁。

所以我们应该呼吁保持完整性，同时承认自身的不完整；呼吁拥有权力，同时认清自身的弱点；呼吁追求个性化的同时，注意相互依存，两者不偏不倚。因此，顽强的个人主义所存在的问题——甚至可以说是彻底失败的原因，就在于它只涵盖了悖论的一方面，只包含了人性的一半。它承认我们对于个性化、权力和完整性的追求。但它完全否认了人类故事的另一部分：我们永远无法完全到达这一目标，我们是彼此依赖的、软弱的、不完美的生物，也正是这些特质，构成了我们的独特性。

接纳不完美的自己，这是生命的一个重要课题。

不完美是我们最真实的状态，而完美只能通过伪装来维持。因为我们永远不可能真正做到无所不能，完全自给自足，独立存在。顽强的个人主义的实质，就是不承认人的缺陷，鼓励我们去伪造完美。它鼓励我们隐藏自己的弱点和失败。它教导我们对自己的局限性倍感羞耻。它驱使我们试图成为女侠和超人，不仅在他人眼中，甚至是在我们自己的眼中尽善尽美。它日复一日地迫使我们看起来"完美无缺"，好像我们完全不需要别人的帮助，完全可以掌控自己的生活一样。它毫不留情，要求我们保持表面完美的同时，将我们残忍地相互隔绝，在这样的条件下，绝不会诞生真正的真诚关系。

你我都有问题，但这没关系

在进行全国巡回讲座的旅程中，无论东北部、东南部、中西部、西南部，还是西海岸地区，我所到之处无一例外地看到，人们缺乏真诚的关系，又对这种关系充满渴望。在那些人们可能寄希望于找到真诚关系的地方，例如教会里，这种缺乏和渴望尤其令人心碎。我经常对我的听众们说："请不要在中场休息时间来向我提问，我需要这段时间来整理思绪，而且根据我的经验，你所关心的问题往往也是别人所关心的，最好在大家都在的场合集中回答。"

然而多数情况下，中场休息期间依然会有人来问我问题。当我说"我已经提出过要求，请你们不要单独来提问"的时候，得到的回答往往是："是的，但是，派克医生，这个问题对我来说非常重要，但我不方便在小组中提出来，因为我的一些教友也在这个小组里。"我希望我可以说这只是个例外。当然，的确有例外，也的确有很多优秀的教会。但是这样的对话依然具有代表性，它彰显出在我们的教会中，人与人之间缺乏信任度、亲密度和宽容度，并不是真诚的关系。

是的，我生来孤独。因为我是一个独特的个体，没有任何人可以充分地了解我，也没有任何人可以切实地理解我的感受。并且与其他人一样，我必须独自走过人生旅程的某些片段，在孤独中完成某些任务。但是，在我明白焦虑、忧郁和无助的感觉都是人类再自然不过的天性；在我得知有这样一些地方，在那里我可以不带一丝内疚或恐惧地向别人坦诚这些感受，而别人也会因此更加关爱我的全部；在我意识到自己的优势处可能存在隐患，而弱势处可能蕴藏着强大；在我体验到真正的真诚关系，并且学会了如何找寻或重新创造它之后，我不再像过去那么孤独了。

受制于顽强的个人主义的传统思想，我们是一个极端孤独的民族，非常孤独。事实上，很多人甚至不愿意直面自己的孤独，更不用说向别人坦诚相告。环顾四周，皆是阴郁、冰冷的面孔，试图寻找那些带着妆容的面具、伪装的面具以及沉着的面具后面隐藏着的灵魂也终是一场徒劳。这并不是唯一可走的路。然而许多人，甚至可以说大部分人并不了解其他的途径。我们迫切需要一种全新的"柔软的个人主义"道德观，这种对个人主义的理解教导我们，只有坦诚地接纳我们的软弱、残缺和不完美，我们的罪孽、缺乏完整性和相互依赖，我们才能真正地做自己。匿名戒酒组织成员曾这样说过："你我都存在问题，但这没关系。"这种柔软，使我们作为独立个体所必须具备的屏障或轮廓以一种渗透膜的形式呈现出来——允许自我渗透出去，也允许他人渗透进来。这种个人主义承认我们之间的相互依赖绝不仅仅体现在讨论些当下时髦的话题，而是深深扎根在我们的内心深处。这种个人主义，使建立真诚关系成为可能。

真诚共同体的精神并不是纯粹来源于群体,而是超越群体的,深藏在人类潜意识的深处。

第 3 章

The
Different Drum

真诚共同体

很多年来，我一直努力建立人与人之间的真诚关系，我将它称之为"共同体"（Community）。我所说的"共同体"并不是简单的一群人的集合，随随便便一群人的集合有可能是"乌合之众"，具有暴民心理。"共同体"与"乌合之众"最根本的区别在于真诚。所以，准确地说，我努力建立的是"真诚共同体"。

在顽强的个人主义氛围中，我们普遍不敢袒露真实的自我，即使对身边人也是如此。因此，人们常常滥用"真诚共同体"这个概念，将它应用于几乎所有由个体组成的群体中，比如城镇社群、公寓社区、专业协会等，全然不顾这些群体中人与人之间的关系是多么糟糕，多么虚伪。

如果我们想要体现出真诚共同体的真正含义，就必须对可以使用它的群体加以限定，只有当群体中的成员学会了如何坦诚交流，能够突破沉着的面具和表面的伪装抵达彼此的内心深处，信守"一同欢喜，一同悲悼"的承诺，并真正做到"为彼此感到高兴，设身处地为别人着想"，这样的群体才可以称为真诚共同体。那么，这样一个罕见的群体是什么样的？它是如何运作的？又该如何定义呢？

我们可以定义或充分解释那些比我们微小的事物，却不能充分解释比我们宏大的事物。例如，我的办公室里有一个非常小巧的电加热器。如果我是一名电气工程师，我可以把它拆开，并向你确切地解释它是如何工作的。除了一件事之外，那就是它通过电源线和插头所连接的电能。关于电能本身，尽管我们已经掌握了一些物理规律，但仍有一些问题即使是最有经验的电气工程师也无法解答。因为电能是比我们自身更宏大的事物。

这样的"事物"有很多，例如善良、爱、邪恶、死亡、意识等。正因为如此宏大，它们往往不止一面，即使在最好的情况下，我们一次也只能对它们的某个方面进行描述或定义。但纵然如此，我们仍难以充分挖掘出某个方面的全部，我们总会不可避免地陷入一个神秘的不可知领域。

真诚共同体也属于这样的事物。如电能一样，它有章可循，但内部却包含着一些神秘的、类似奇迹的、深不可测的东西。因此，真诚共同体的定义一言难尽，它并不仅仅是构成它的个体成员的总和。那么这些所谓的"多出来的部分"究竟是什么呢？甚至试图回答这个问题本身，就使我们进入了一个相较于抽象而言更近乎于神秘的领域。这是一个无论采用何种语言，用尽所有词汇都难以充分描述的领域。

在此可以用宝石来类比。渴望建立真诚关系的种子存在于人类这一群居动物的内心，就像宝石原生于地球一样。但最初它并不是一颗宝石，只有成为宝石的潜能，地质学家将这种粗糙的宝石称为原石。一个群体建立真诚关系的过程，正如将一块原石打磨成一颗宝石，通过切割和抛光激发出它真正的美丽。为了描述宝石的美，最好的方式就是描述它的每个切割面。与宝石一样，一个真诚共同体也是一个多面体，每一面都是整体的一部分，因此很难对其所有方面进行详尽的描述。

另外需要注意的一点是，真诚共同体这样的瑰宝是如此绚丽，在你看来或许是不真实的，就像你小时候曾经有过的一个梦，美到你认为永远不可能实现。正如贝拉及其合著者所说的那样，真诚共同体的概念"可能会被视为一个荒诞的乌托邦，像试图创造一个完美社会的其他项目一样被抵制，但我们所提出的转变是必要而温和的，事实上如果没有它，根本就没有什么值得憧憬的未来可言"。问题在于，真诚关系的缺乏是当今社会的常态，没有经历过的人一定会想，我们怎么可能从当前状态抵达那样的理想境界呢？我们可以从脚下出发，最终到达彼岸。请记住，在外行人眼中，石头似乎永远不可能成为宝石。

一个真诚共同体的各个层面相互依存，彼此之间有着千丝万缕的联系，没有任何一方面可以单独存在。它们创造彼此，成就彼此。那么，接下来我所提供的，只是划分和命名真诚共同体一些最显著的特征。

包容、承诺和共识

一个真诚共同体必须具有包容性。

真诚共同体最大的敌人是排他性。只因为他人贫穷、提出质疑、离异、犯过罪、来自其他种族或国家而将他们排除在外的组织不能称为真诚共同体。这样的组织应该称为朋党，它们实际是与建立真诚关系相抵触的防御堡垒。

包容性不是绝对的。长期的真诚关系必须不断在包容性的程度上进行斗争。即使是短期的真诚共同体，也不得不首先将包容性纳入考量。但对于大多数的组织来说，排除比包容要简单得多。除非法律强制，俱乐部和公司很少考虑包容性。与之相反，真正的真诚共同体若要持续发展，总会尽可能地延伸自己，竭尽所能去聆听不一样的鼓声。真诚共同体不会问："让这个人加入的理由是什么？"而是会问："把这个人排除在外的理由是什么？"与其他规模或目的相似的组织相比，真诚共同体总是相对包容的。

在友谊学校第一次进入真诚共同体时，年级之间、学生和教师之间、年轻人与年长者之间的界限都是"柔软"的。那里没有所谓的群体之外，没有屈从于某些规则的压力，不存在遗弃，聚会总是欢迎每个人的到来。由此可见，任何真诚关系的包容性都会沿着其所有的边界不断延展。真诚共同体包含"全集"的思想。这里不仅仅是指包含不同性别、种族和信仰，也囊括了人类所有的丰富情感：泪水如欢笑一样受欢迎，恐惧如信仰一般被接纳；涵盖了人类所有的不同类型：鹰派和鸽派，异性恋和同性恋，圣杯守护者和现实派，健谈者和沉默者。一切差异都包含其中，一切"柔软"的个性都得以滋养。

而这一切如何实现？这些如此巨大的差异如何被全盘吸收，这些如此不同的人们如何和睦共处？和睦共处的强烈意愿，以及由此产生的承诺是至关重要的。为了形成或维持真诚的关系，或早或晚，在某个时间节点（最好是早一些的时候），群体中的某些成员必须以某种方式彼此承诺，以求达成共识。之前已经提到过，真诚共同体最大的敌人是排他性，它会以两种形式呈现：排除他人和排除自己。假如你暗下决心："这个组织不适合我，这里不好，那里也不怎么样，我还是赶紧收拾东西一走了之的好。"这种想法对真诚共同体的破坏性是巨大的，就好比你在婚姻中暗自思忖："天涯无处无芳草，栅栏另一边的草看起来似乎更绿一些，我干脆转移过去吧。"事实上，两个人的婚姻关系也是一个真诚共同体，要求我们在遇到困难的时候，依然坚守在那里。而这需要一定程度的承诺。贝拉等人将他们的作品命名为《美国人生活中的个人主义和承诺》并不是偶然的。我们的个人主义必须通过承诺来平衡。

如果我们选择坚守，通常在不久之后便会发现"崎岖的地方逐渐平坦"。我的一位朋友将真诚共同体定义为一个"习得了超越个体差异能力的群体"，我对此颇感赞同。但是这种习得需要时间，而这种时间必须通过承诺来交换。"超越"并不意味着"抹杀"或"消除"。它的字面意思是"从上面越过"。实现真诚共同体的成就可以与跃上山巅相媲美。当你穿过峡谷，越过沟壑，终于站上山巅之后，你会发现正是那些高高低低，坡坡坎坎，那些有差异和不同的地方，才构成了一幅激动人心的景色，一切尽收眼底。

也许实现这种超越至关重要的是对差异的理解。在真诚共同体中，人与人之间的差异被作为天赋来庆祝，而不是被忽视、否认、隐藏或改变。请记住我是如何欣赏莉莉"灵活性的天赋"，而她是如何悦纳我"条理性的天赋"的。显然，婚姻是一个长期的、只属于两个人的小型真诚共同体。然而我发现，即使在时间和深度几乎相反，例如50到60个人的短期真诚共同体中，也存在完全相同的动态过程。使莉莉和我最终超越分歧的态度转变过程花费了20年的时间。但是同样的超越可以在一个真诚共同体小组中发生，并且是频繁地发生在8小时的课程之内。在每种情况下，疏远都转化为欣赏与和解。在每种情况下，超越都与爱有很大的关系。

我们对真正的真诚共同体非常陌生，以至于我们没有足够的词汇来描述这种超越的机制。当我们思考如何接纳个体差异的时候，往往在第一时间倾向于确定一个强大的个人领导者。像争吵的兄弟姐妹之间产生的分歧一样，我们本能地希望可以通过妈妈或爸爸这样一位我们所认为的仁慈的独裁者来解决。但是真诚共同体鼓励个性化，永远不可能是集权主义的。所以我们转而采用一种不那么原始的方式来解决个体差异的问题，通过投票的方式，以组织中大多数人的表决意见为准，即少数服从多数原则。但是在这个过程中，少数人的意愿被排除在外。我们如何在包容少数派的情况下解决个体之间的分歧？这似乎是一个难题，我们将何去何从？

在我所参与建立的真诚共同体中，我曾目睹过上千次的团体决议，没有一次是通过投票来表决的。我并不是指我们可以或者应该放弃投票，或是废除相关制度，我所想表达的是，一个超越个体差异的真诚共同体通常情况下甚至是超越投票制的。到目前为止，我们只有一个词可以描述这种超越，那就是"共识"。在真正的真诚共同体中，决策是通过自觉的协商一致达成的，这个过程与陪审团的共同决策不同。

但是，一个鼓励个性、鼓励个体差异的群体到底怎样才能常规性地达成共识？即使我们为真诚共同体的运作开发出更丰富的语言，我也不确定能形成一套公认的、标准的协商过程。这个过程本身就是一次冒险。其次，正如我之前所提到的，有一些神秘莫测的东西蕴含其中。但这一协商过程是有效的，真诚共同体的其他方面也会向我们揭示它之所以发挥效用的原因。

现实性

真诚共同体的第二个特征是现实性。

以婚姻这个真诚共同体为例，每当莉莉和我共同讨论一件事，例如该如何对待我们的某个孩子时，总能想出比我们任何一个人单独思考的结果更具有现实性的方法。仅就这一点我便可以判断，在单亲家庭中，若想对孩子的问题做出正确的决定，对于单亲爸爸或单亲妈妈来说是极其艰难的。而莉莉和我所能做到的极致也仅仅是提出两种可以相互制衡的不同观点。在规模更大的真诚共同体中，这一过程将更加高效。一个由 60 个人组成的真诚共同体往往能提出十几种不同的观点，很明显，由多种配料做出的菜肴通常远比任何一道仅包含两种配料的菜肴更富有创造性。

我们通常认为群体行为相对于个人行为而言更趋向于原始性。的确，我自己也撰文描述过由于某些特殊的原因，群体有可能成为乌合之众，变得邪恶。简单来说就是"暴民心理"。而真诚的关系恰恰能避免人们成为乌合之众，陷入暴民心理。同样，一个普通的群体和一个真诚共同体之间具有本质的不同，而不仅仅是一次巨大的飞跃。从定义上来说，一个真正的真诚共同体由于其对个性化的鼓励，对各式各样观点的接纳，并不会受暴民心理的影响。我不止一次看到在一个真诚共同体即将做出某项决定或者确定某个规范时，其中一个成员突然说："等一下，我不赞成这样做。"暴民心理不可能发生在每个人都可以自由地表达自己的看法，并且完全可以逆势而为的环境中，而真诚共同体就是这样的一种环境。

由于一个真诚共同体中包括了许多拥有不同观点的成员，并且每个人都能够将自己的观点畅通无阻地表达出来，所以真诚共同体远比个人、夫妻或普通的群体更能够纵览全局，兼具黑暗与光明，神圣与亵渎，悲伤与欢乐，荣耀与泥土，其结论总是相对圆满，没有什么会被排除在外。在众多的参考框架之下，它能愈加贴近现实。因此在真诚共同体中，一个决定的现实性和正确性往往比在任何其他人群中更能得到保证。

真诚共同体现实性的一个重要方面值得一提：谦逊。顽强的个人主义倾向于傲慢，真诚共同体中"柔软"的个人主义则崇尚谦逊。一旦学会欣赏别人的天赋，你就更能接受自己的局限性。见证别人倾诉他们的不足之处，你也会变得更能接受自己的缺陷和不完美。充分认识到人类的多样性，你便会理解人类的相互依赖性。在一群人共同这样做，并逐渐成为一个真诚共同体的过程中，他们不是作为个体，而是作为一个完整的群体，变得越来越谦逊，也更加具有现实性。谦虚是淳朴，是真诚，是内心的自然流露，而刻意培养的谦虚则是另一种形式的虚伪和欺骗，你会期望从哪一类群体中得到一个更为客观而公正，更为明智而现实的决定：虚伪的还是真诚的？

沉思

使一个真诚共同体保持谦逊并且更加具有现实性的原因在于，它始终保持内观和沉思，时刻处于自省之中，有很强的自我意识，也十分了解自己。"认识自我"是保持谦卑的必要法则，正如 14 世纪关于静观的经典著作《不知之云》中所说的那样："谦逊本身不过是人类对自身的真实认知和感受。任何真正认识自己的人，一定是谦逊的。"

"沉思"一词有着丰富的内涵，而其中的大多数与意识相关。

沉思的根本目的是提高对自身以外的世界、自我的世界以及两者之间关系的认识。一个满足于自己相对有限的认知的人并不能被称为沉思者，甚至连能否被称为心智成熟者或情绪健康者都存在疑问。自我审视是洞察力的关键，而洞察力又是智慧的关键。对此，柏拉图的看法非常直白："浑浑噩噩地活着不如死去。"

自省应该从建立真诚关系的第一天开始。随着成员们在自身的问题上愈加深思熟虑，他们对整个群体的思考也将越来越深入。"我们做得怎么样？"他们会更加频繁地提出类似的问题，"我们还在向着目标努力吗？我们是一个健康的群体吗？我们有没有丧失实事求是的精神？"

真诚共同体的精神不是可以放在瓶瓶罐罐里储藏的东西，一经实现并不能永远留存下来，而是会一再地丧失。还记得那年麦克·贝吉里的塔维斯托克小组活动即将结束的时候，我们在享受了几个小时的团契后，是如何又开始争吵起来的吗？但我们很快就意识到了问题的存在，因为我们已经学会用整体的眼光来看待我们的小组。而且由于我们很快找到了问题的成因在于我们分化为圣杯守护者和现实派两个阵营，我们得以迅速超越了这一分歧，将包容的精神重新召唤了回来。

没有任何群体可以维持永恒的健康。然而，由于真诚共同体会不断进行自我审视，一旦出现问题便能很快发现，并迅速采取适当的行动来自我修复。事实上，这是一种良性循环，真诚关系存在的时间越长，修复过程越高效，自身也越来越稳健。相反，从不尝试静观沉思的群体根本无法建立起真诚的关系，或者在形成后迅速而永久地消亡。

安全之所

36岁的时候，我在一次真诚关系中找回了"遗失的哭泣的艺术"，这并非偶然。尽管如此，早期顽强的个人主义的教育对我的影响仍然根深蒂固。直到今天，我仍然只有在身处能带给我安全感的地方时才会当众落泪。每当我回到真诚的关系中，最欣慰的便是重新获得"泪水的恩赐"。我不再孤独。一旦一个群体达到了真诚共同体的高度，成员们往往都会有这样的共鸣：我在这里感到安全。

这是一种罕见的感觉。我们每个人几乎都曾在生活中倾尽全力，以求获得部分的安全感。我们很少能完全自由地做自己，在任何群体中，我们都很少能感到充分地接纳与被纳。因此，几乎每个人都会带着自我防备的心理进入一个新的群体中。这种自我防备隐藏得很深。即使人们有意识地表现出坦率和脆弱，潜意识中仍然有强烈的防御感存在。而且，从一开始就表现出莫名的脆弱，甚至有可能引起其他人忧虑或敌对的情绪，当然有些时候别人只是简单地想帮助你治愈和转化这种状态。在此情况下，除了最有勇气的人之外，大部分人都会选择关起心门。

第3章 真诚共同体

一般情况下，不会有"速成真诚共同体"这样的事物存在。由一群陌生人所建立的群体想要达到真诚共同体所具有的安全感，需要全体成员付出超乎寻常的努力。然而，一旦他们获得成功，就好像打开了一道闸门一样。一旦这种安全感强烈到足以令他们袒露心声，一旦群体中的大多数人意识到他们的声音会被倾听，他们的一切都将被全然接纳，多年压抑的挫折、伤害、愧疚和悲伤就会涌现出来，并且飞速地倾泻。真诚共同体中的脆弱感就像滚雪球一般。一旦成员们发现自己在脆弱时被重视和关怀，他们就更不畏惧表现出自身的脆弱。心门坍塌了，爱和包容被充分释放，随着彼此亲密程度的增加，真正的治愈和转化开始了。旧的伤口得以医治，旧的恩怨得以赦免，旧的阻力得以克服。忧虑被希望所取代。虽然打开心的大门，固然有一定的风险，但与巨大的收益相比，无疑是值得的。

真诚共同体的另一个特征就是它的治愈和转化能力。但为了避免人们误解它的微妙之处，我故意没有将它单独列出来。在现实中，我们大部分刻意而为之的治愈和转化行为往往适得其反，反而不利于建立真诚的关系。人们内心对健康、完整和圣洁有着自然而然的向往和推动力。然而，大多数时候，这种能量和推动力会被恐惧所束缚，被防御和抵抗所抵消。但是若使他们置身于一个真正安全的地方，一个不再需要这些防御和抵抗，一个向往健康的推动力可以完全被释放的地方，也就是说，当他们获得安全感的时候，便拥有了治愈和转化的倾向。

建立真诚的关系比治疗更重要，有经验的心理治疗师通常能认识到这个事实。作为新手期间,他们会认为他们的首要目标是治愈患者,并常常相信他们成功地做到了这一点。但是当有了经验之后,他们会逐渐意识到,其实自己并没有治愈的能力。他们真正可以做到的是聆听患者的倾诉、接受他或她,建立真诚的关系,即"治疗关系"。所以他们不再把关注的重点放在治疗上,而是增强与患者之间的治疗关系这一纽带,将其转化为一个心灵上的安全之所,使患者在其中完成自我治愈。

这一点是相对矛盾的,在一个群体中,只有当其成员学会停止刻意的治愈和转化之后,真正的治愈和转化才能实现。真诚共同体之所以被称为安全之所,正是因为在那里,没有人试图治愈或转化你,修理你或改变你。相反,人们接受真实的你,本来的你。你可以自由地做自己。而且也正因为如此自由,你可以自由地放弃防备、掩饰和伪装;自由地寻求自己心理和精神的健康;自由地成就完整而圣洁的自己。

心理防线与心理实验室

一次,在为期两天的建立真诚关系的活动即将结束时,一位中年女士向小组宣布:"昨晚回家之后,我和丈夫认真考虑过退出这个小组,尽管斯科特曾经劝我们不要这样做,我昨晚睡得很不好,今天早上差点就决定不来了,然而发生了一些奇怪的事情,昨天我仍然在用强硬的眼光看待大家,可今天由于某些原因,我的眼光变得柔和了,这种感觉棒极了。"

这位中年女士的经历与我在麦克·贝吉里小组所经历的何其相似,在那个小组里,我最初讨厌一个人,后来又神奇得变成了那个人,最后对他充满关爱之情。而这位女士最初用强硬的眼光看别人,后来又变得柔和,这不仅意味着心理防线的坍塌,更意味着自我的敞开和内心的拓展。

真诚关系中的这种转变历程,与序言中《拉比的礼物》那个故事所描述的也十分相似。在一个没落的修道院里,一个垂死的团体,一旦成员们开始通过"柔和的眼光",通过尊重的镜头看待自己和彼此,便可以建立起真诚的关系,重新焕发出生机。奇怪的是,这种转变产生之时,恰好是个人防备"崩塌"之时。只要我们仍然躲在看似沉着的面具下互相审视,只要我们的心理防线还固若金汤,这种眼光便是强硬的,只有当我们摘下面具,看到面具下被掩藏的痛苦、勇气、破碎和更深的尊严时,我们才能真正开始将彼此作为同胞一样尊重。

有一次,当我和一个管理机构探讨真诚关系的问题时,其中一位成员评论道:"按照您的说法,在真诚共同体中需要承认个人的残缺。"是的,他说的没错。但是,这件事本身是多么不可思议,在我们的文化背景下,残缺居然需要"忏悔"。我们通常认为忏悔是在教堂幽暗的告解室内,在专业的神职人员的配合下,在确保不会被其他人知道的前提下秘密进行的活动。事实上,每个人都很脆弱，每个人都经历过创伤。当我们都受伤的时候，仍然要被迫掩盖自己的伤口，这实在太不合理了！

人需要完整地接纳全部的自己，包括自己的伤口，正如那句名言："世界让我遍体鳞伤，但伤口长出的却是翅膀。"但这里至关重要的一点是，不要排斥自己的缺陷、脆弱和伤口，因为接纳是成长的动力，排斥是摧毁的开始。

当一个人敞开心的大门，开始接纳自己的脆弱时，这时脆弱往往是双向的。所以，建立真诚关系一方面要求我们具备将伤口和弱点暴露给别人的能力，同时也要求我们具备能够被他人的创伤所触动的能力，想人之所想，急人之所急，即心理学上所说的"共情能力"。这种能力正是上面那位女士所提到的"柔和的眼光"所表达的含义。当她的眼睛不再是屏障，而成为体察他人的媒介时，她真真切切地感受到了美好。揭开伤疤是痛苦的，因而当我们分担彼此所经受的伤痛时，人与人之间油然而生的关爱之情更显得弥足珍贵。但我们不能否认现实，在我们的文化中，这种分享需要承担很大的风险，需要违背假装刀枪不入的准则。对于我们大多数人来说，这是一种全新的，并且似乎存在潜在危险的行为模式。但正如克里希拉穆提所说："爱是危险的事情，但却可以带给我们彻底的改变和完整的幸福。"

也许你会认为将建立真诚关系称为实验室似乎有些奇怪。"实验室"这个词往往意味着一个充满各种硬件设施的无菌环境，而不是一个柔软温馨的地方。然而在我看来，实验室更确切的定义是：一个旨在进行安全实验的地方。我们需要这样一个地方，因为当我们做实验的时候，我们是在尝试和测试用全新的途径来处理问题。而建立真诚关系正需要这样一个地方：一个对崭新的行为模式进行测试的安全之所。一旦有机会身处这样安全的环境，大多数人自然会开始比以往任何时候都乐于更深入地对彼此之间的关怀和信赖进行尝试。他们放弃习惯性的防御和攻击、猜忌和恐惧、怨恨和偏见，这些东西曾经将他们阻隔，也是他们保护自己的武器。现在，他们尝试解除自己的武装，彻底放下防备心理。他们尝试在自身和群体中寻求和睦。并且最终发现，这种尝试奏效了。

实验的目的是给我们提供新的经验，而从这些新的经验中我们又可以提取新的智慧。因此在建立真诚关系时，成员们通过放下自身防备的尝试，经验性地发现了缔造和睦、和平的法则，并了解了它所具备的价值。这种个人体验非常强大，甚至可以成为推进在全球尺度上寻求和平的原动力。

冲突可以优雅地解决

真诚共同体是个安全之所，是放下个人防备心理的实验室，同时也是一个充满冲突的地方。乍看之下，这种说法似乎有些自相矛盾。也许一个新的故事可以帮助你更好地理解。有一天，一位苏菲大师在学生们的陪伴下漫步街头。当他们来到市民广场时,政府军与叛军之间正在发生激烈冲突。流血事件震惊了学生,他们恳求道:"快,师父,我们应该帮哪边?""两边都要帮。"大师回答。学生们感到十分困惑。"两边?"他们不解地追问,"我们为什么两边都要帮呢?""我们需要帮助当局学会倾听人民的意愿,"师父回答道,"我们也需要帮助叛乱分子学会如何不再强行抵制权威。"

在真诚共同体中没有派系之别。达到这一点并不容易,只有在成员们学会如何放弃派系之争,放弃结党营私;学会如何倾听对方,不再相互抵制时,真诚关系才得以建立。有时真诚关系中的共识是以奇迹般的速度达成的。但在更多情况下,这一过程需要经历漫长的斗争。将真诚共同体称为一个安全的地方,并不意味着其中没有冲突存在。但是在这里,冲突不是通过生理和感情上的流血和中伤粗暴地解决,而是通过智慧优雅地解决。真诚共同体是一个可以优雅地对抗冲突的群体。

这一结果的成因并非偶然。即使将真诚共同体比作竞技场,其中的角斗士们也都放下了手中的武器,卸下了身上的铠甲。在那里,他们熟谙倾听和理解之道,他们尊重彼此的天赋,接受他人的不足;在那里,他们庆祝相互之间存在的差异,抚慰彼此经历的创伤;在那里,他们不再针锋相对剑拔弩张,而是致力于同进退共患难;在那里,他们不是只听到一种鼓声,而是能够听到不一样的鼓声,踩着不一样的鼓点前行。这的确是个最不同寻常的战场,但也正因此使它具备了解决冲突的奇效。

这一发现意义深远。世界上有非常真实的冲突,其中最糟糕的那些似乎完全没有被消灭的迹象。人们一直存在一个幻想,简而言之是这样的:"如果我们能够消灭彼此之间的冲突,那么总有一天,我们能够共同生活在一个真诚的共同体中。"我们会不会完全将它本末倒置了?真正的梦想应该是:"如果我们能在真诚的关系中共同生活,接纳彼此的差异,倾听不一样的鼓声,那么总有一天我们能够解决彼此之间的冲突。"

权力去中心化

我曾被任命为领导者,但我发现一旦一个群体成长为真诚共同体,这个名义上的工作便结束了。我可以高枕无忧地回归群体,成为普通的一员,因为真诚共同体的另一个本质特征就是彻底的权力去中心化。请记住,它是反集权主义的。其决定通过协商一致达成。真诚共同体有时被称为无领导者群体。然而,更准确地说,真诚共同体是一个人人都是领导者的群体。

因为这是一个安全的地方,所以被委以领导者这一重任的人,在真诚共同体里同样是自由自在的,在这里他们通常会经历人生中第一个不需要刻意去领导的时刻。而那些内向而害羞的人们也可以跨出勇敢的一步,展现出他们卓越的领导天赋。其结果是使真诚共同体成为一个理想的决策机构。

　　1983年，当我需要在我的生活中做出一些艰难的重大决定时，我向外界寻求了帮助，这些决定太过重要，我知道即使在有专家出谋划策的情况下，我的智慧也不足以进行独立的决策。28名来自全国各地的男士和女士向我伸出了援手，我们花费了3天中80%的时间共同建立了属于我们自己的真诚共同体，仅仅在最后的几个小时里，我们才将注意力转向需要做出的决定。事实证明这是值得的，我们用闪电般的速度做出了正确地决定。

　　真诚共同体最美丽的特征之一就是我所说的"流动的领导力"。正因为具备这样的流动性，我们才得以在1983年的那个真诚共同体中迅速而有效地做出决定。每个成员都可以自由发言，在决策过程中适时地针对自己所擅长的领域提供建议。真诚共同体尊重每个人的智慧和天赋，因此当有人提出了解决问题的第一步，并被大家认可后，自然会有人提出第二步，以此类推，直至完成全过程。

　　在真诚共同体中，领导力的流动性十分普遍。这种现象对任何想要改善企业、政府或其他方面决策制定的人都有着至关重要的意义。但这不是一个可以快速实现的技巧或修复过程。真诚共同体的建立是先决条件，至少必须将传统的阶层划分模式搁置一旁，必须放弃各种形式的人为控制，因为赋予真诚共同体这一流动性的是它自身所具备的精神，而不是其中任何一个具体的个人。

一种更高的精神

真诚共同体是一种精神,但并不是我们通常意义上所理解的"集体精神"。对于我们大多数人而言,"集体精神"意味着一种竞争精神,一种带有侵略性的积极拥护自己团队的意识,例如某些获胜足球队的支持者,或者对自己的城市感到异常骄傲的居民的表现。"我们的球队比你们的球队强""我们的城市比你们的城市更繁荣",这些都可以被看作是集体精神的典型表现。

但是,这种集体精神过分浅薄,容易导致偏见,具有很强的误导性。真诚共同体虽然是一个集体,也会因为这个集体感受到快乐,甚至是喜悦,但是由于人们像沙拉一样,彼此都有鲜明的个性,而不是像某些集体抹杀了个性,不容许不同的鼓声存在,把所有的人性都熬成一锅粥,所以,真诚共同体所蕴含的精神与集体主义精神是完全不一样的,它没有竞争性,也没有排他性,而是具有包容性。如前所述,真正的真诚共同体是包容的,一旦共同体开始树敌,便会逐渐丧失曾经拥有过的本质精神,人与人之间也就不再有真诚的关系。

真诚共同体的精神是和平的精神。在建立真诚关系的初期,人们经常会问:"我们如何判断我们已经成为一个真诚共同体了呢?"其实提出这样的问题大可不必,当一个群体进入真诚共同体阶段时,精神上会发生本质的转变。这种新的精神甚至可以被切实地感知,这种感受是无可争议的,没有任何一个经历过的人会再次提出"我们如何判断我们已经成为一个真诚共同体了呢"这样的问题。

同样,当一个群体进入真诚共同体阶段时,也不会有任何一个人对和平精神占据主导地位的情况提出质疑。一种完全崭新的宁静之感降临在整个群体中,人们似乎都转而采用一种更平和的语气相互交流,然而奇怪的是,这平和的语气似乎具有更强的穿透力。人们有时会沉默,但从来不是不安的沉默,而是一种被大家所接受的、安宁的沉默。没有狂躁,没有喧嚣,一切都平静下来,嘈杂的噪音被悠扬的乐声取代。这和平的乐声,人们都仔细聆听着,并且可以听得到。

然而,精神是一种捉摸不定的东西。与具体的物质不同,它无从定义,难以捉摸。因此,真诚共同体中的人们并不总能感受到通常意义上我们所指的平和。成员们不时会相互抗争,有时甚至十分激烈。人们兴致勃勃,不再有沉默的空闲。但是,这是一种富有成效的,而不是具有破坏性的抗争。它必然会走向共识,因为它总是建立在爱的基础上,终究是一场与爱有关的抗争。真诚共同体精神是和平与爱的精神。

爱与和平的"氛围"是如此的明显,因此几乎所有的成员都把它作为一种精神来体验。即使是不可知论者和无神论者,一般也会在报告中将真诚共同体建设描述为一种精神体验。然而，不同的人对这种经验的阐述却有着极大的不同。那些意识较为平庸的人倾向于认为，真诚共同体精神不过是一个群体本身的创造。尽管它很美妙，但也仅限于此而已。而大多数人对此往往有较为深入的理解，他们认为真诚共同体的精神并不是纯粹来源于群体，而是超越群体的，深藏在人类潜意识的深处，只会在肥沃的、优良的土地上落地生根。一群毫无准备，只会坐在一旁高喊口号的人，直到他们筋疲力尽面红耳赤也不会建立起真诚的关系，只会与真诚共同体渐行渐远。相反，任何愿意践行真诚共同体精神所需要的爱、纪律与牺牲的人，都有可能建立起真诚的关系。

真诚共同体的智慧往往近乎奇迹。这种智慧的形成也许可以用纯粹的世俗术语来解释，例如宽松的环境、多元化的人和通过协商一致而达成的决策。然而有些时候，这种智慧似乎更像是一种神圣的精神，是人与人，人与世界，人与宇宙的相融。

痛苦之所以能够给人带来教益，是因为它意味着自我那层坚硬的外壳破碎了，人彻底放弃了防御和抵抗，放下了伪装，将真心呈现出来。

第 4 章

The
Different Drum

危机与真诚关系

一天清晨，当墨西哥城的人们还在睡梦中时，一场8.1级的地震突然袭来，顷刻之间，地动山摇，一座繁华的城市刹时沦为了废墟，数千人殒命。

然而，至暗时刻，人们共通的人性被唤醒了，穷人和富人自发组织起来，夜以继日地一起营救伤员并照顾无家可归者。与此同时，来自世界不同国家的人们纷纷向这些素昧平生的受灾者献出援助和爱心。

强烈的地震让人们感受到了生命的脆弱，在脆弱中，人们自觉自愿地建立起了真诚的关系，设身处地为别人着想，一同为死难者悲悼，一同为幸存者欢喜，一同劳动和受苦。

人性就是这样，患难见真情。例如，在重症监护病房的候诊室里，陌生人会自发地分享彼此的希望与恐惧，欢乐与悲痛，因为他们亲人的名字出现在大厅另一侧的"病危通知单"上。苏德战场上，当列宁格勒被德军围困时，城中缺衣少食，岌岌可危，但军官和士兵，男人和女人，他们同呼吸，共命运，相互依靠，相互鼓励，在艰难岁月中始终坚守在一起。时至今日，美国退伍军人仍然记得在"二战"的泥泞战壕里，与战友建立起来的深厚友谊，他们在这种真诚关系中，理解了生活的意义，然而这种感觉在之后的平凡生活中却很难再获得。

大地震让人感到无助，德军铁桶似的围困令人深感危在旦夕，而泥泞的战壕则随时面临着死亡的威胁，这些恶劣的生存环境无一例外地会让人产生这样一种心理：生命是脆弱的，我们是无助的，每个人都需要帮助，我需要你，正如你需要我，只有彼此帮助，我们才能生存下来。

也许，这就是危难时刻人们容易建立起真诚关系的心理基础。

伤口是光进入你内心的地方

作为一名心理医生，我很清楚，前来寻求心理治疗的病人，只有在感到无助、绝望、内心破碎时，治疗才容易发挥作用。如果他们的内心哪怕还有一丝侥幸，一层薄薄的外壳，还没有彻底放弃心理防线，治疗都很难取得进展。

破碎，是指包裹内心的那一层外壳被剥离了，那是一种撕心裂肺的痛苦，但恰恰是伴随着这种痛苦，人们才袒露出赤子之心，与心理医生建立起真诚的关系，并获得治愈。

本杰明·富兰克林说："唯有痛苦才能给人带来教益。"

在我看来，痛苦之所以能够给人带来教益，是因为它意味着自我那层坚硬的外壳破碎了，人彻底放弃了防御和抵抗，放下了伪装，将真心呈现出来。

纪伯伦说：

你的痛苦是你包裹知识的外壳的破碎。

然而，就像果核必须破裂，暴露于阳光下才能生长，我们也必须经历痛苦。

……

许多痛苦，都是你自己的选择。

痛苦是你体内的医生，是治疗你病躯的苦药。

所以，请你信任这医生，宁静地服下他开的药。

人在什么时候最容易敞开心的大门，变得真诚呢？答案不是在人自大、自恋、以自我为中心的时候，而且在他走投无路，最无助最痛苦的时候，即心碎的时候。

有一个禅宗故事——

一天，一个徒弟问师父："师父，你总是对我说，'要把这些话放在心上'，为什么不说'要把这些话放进心里'呢？"

师父望着徒弟，语重心长地回答道："这是因为，我们的心原本是关闭着的，我们无法将这些话放进自己心里，只是将它们放在心上。它们就这样停在那里，直到有一天，我们的心碎了，这些话就掉了进去。"

心碎固然令人痛苦，但这是治愈之痛，转变之痛，有着深远的意义。正是这样的痛，让我们的心慢慢靠近，得以建立起真诚的关系。

西班牙哲学家乌纳穆诺在《生活的悲剧》中说："身体因快乐而结合，心灵因痛苦而靠近。"

诗人鲁米说："伤口是光进入你内心的地方。"

精神危机

在真诚关系中获得治愈，已经成为心理学的一个共识。

迄今为止，在世界范围内建立起的最庞大、最成功的真诚关系，非匿名戒酒者协会莫属。从比尔·威尔森在俄亥俄州成立第一个匿名戒酒协会到今天，仅仅两代人之后，现在美国的每个村庄都成立了匿名戒酒协会、饮食紊乱者援助小组、情绪紊乱者援助小组，以及其他类似的团体。

最初，匿名戒酒协会主要是帮助酗酒者戒掉对酒精的依赖，后来发现只要人与人之间建立起了真诚的关系，很多心理问题都能得到治愈。几十年来，在美洲、欧洲、澳洲和亚洲的一些国家，千百万无助、焦虑、痛苦和失控的人们在这里解决了自己的心理问题，重新找到了生活的意义。

匿名戒酒协会之所以能够建立起真诚关系，关键在于它能够让每一名成员充分意识到自己是脆弱的、卑微的、残缺的，并且身处危机之中，这一点与地震中的灾民、被围困的市民，以及泥泞战壕中的士兵很相似，他们都无法独自面对自己的问题，都需要帮助。在著名的"戒酒十二步"中，第一步是：

> 我们必须承认我们并不比别人强大，因为我们自己的生活已经失去了控制。

第一次听到这样的话时，很多人都无法接受，也理解不了，它给人一种黑暗、可怕、脆弱和恐惧的感觉，毫无正能量和积极的意义。尤其是对于顽强的个人主义者来说，他们一直生活在攀比中，追求比别人强大，渴望一切都在自己的掌控中，不能容忍生活和工作中出现任何意外和不确定性。即使生活已经一塌糊涂，他们也不会承认自己已经失去控制。这种强撑心理让他们无法变得谦卑，并接纳自己原本就是脆弱的这一真相，也不利于他们向别人敞开心扉，建立起真诚关系。

事实上，我们每个人都是脆弱的，有这样一个故事。

> 一天，有一位门徒问一位犹太智者："老师，我们如何才能避免脆弱呢？"
>
> 智者回答道："如果你能避免脆弱，恐怕你将陷入傲慢这一更大的罪恶。"

只要是人，都有缺陷。人无完人，不是少数人，而是所有人，这其中就包括我和你。但是出于自我防备的心理，我们没有勇气展现自己的缺陷和脆弱，总是将其紧张地隐藏在身后。不过，在真诚关系中情况就大不一样了。在这里，每个人都是不完美的，浑身都是缺陷，比如，那个看起来优雅漂亮的女人原来患有抑郁症，那个貌似坚强的男人刚才还哭得像个孩子，而那个穿着西装革履的绅士则是一个地地道道的酒鬼。维克多·弗兰克说："所谓智慧，就是知识，再加上对自身局限性的了解。"在真诚关系中，每个人都可以安全地袒露真实的自己，包括自己的缺陷与脆弱，焦虑与无助，孤独与绝望。没有人会嘲笑你，打击你，排斥你，控制你，因为大家都一样，他们接纳你，而你也接纳他们。

在真诚关系中，所有的男人和女人迟早都会坦诚自己的残缺。我们都有残缺，没有任何人例外，也没有任何人能独自面对一切。尽管我们大多数人仍然试图向自己或他人掩盖我们身上客观存在的缺陷，但事实上我们都置身危机中，需要帮助。来到匿名戒酒协会的男人和女人们不会再隐藏他们酗酒的事实，他们承认自己的残缺。从这个意义上说，残缺反倒成了一种福气，能够让彼此建立起真诚关系。

一个很有趣的现象是，在这个协会中成员们将自己称为"康复中的酗酒者"，而不是"前酗酒者"或"已康复的酗酒者"。他们这样做的目的在于警示大家危机无处不在，戒酒行动并非一劳永逸，永远存在复发的风险。也正因此，对真诚关系的需要也将一直存在。他们的独到之处，便是对酗酒这一持续性危机的充分认识。

如果我们认识到危机每天都会存在于我们的生活中，它将会使真诚关系成为一种日常需求。我们应该希望将我们的生活看作危机四伏的每一天，这听起来似乎有些奇怪。但我想起在汉语中，"危机（crisis）"这个词是由两个汉字组成的：一个代表"危险"，另一个代表"隐藏的机会"。我们当然希望生活中每天都充满机会。另外，关于心理健康还有一个深刻但很难被理解的事实。在大多数人的概念里，健康的生活应该是一帆风顺的，而事实却正好相反，越早遭遇危机，一个人的心理可能越健康。

"危机"这个词近来以"中年危机"的形式频频出现。但是在这个术语被发明出来之前很长一段时间，人们认为这种现象在女性的更年期中普遍存在。虽然更年期妇女罹患抑郁症的情况很常见，但这完全是可以避免的。举一个非常简单的例子，在一个心理健康的女性身上会发生什么呢？在她二十多岁时的某一天，当她在镜子中注意到了眼角刚刚出现的鱼尾纹时便对自己说：这没什么大不了的，好莱坞的星探不会到这儿来。当她三十多岁，最小的孩子开始上幼儿园时，她沉思道：也许我应该开始着手做些别的事，而不是让孩子成为我生命中唯一的中心，于是她开始了第二个艰难的职业生涯。接着，在她五十多岁的时候，除了燥热之外，她很可能已经可以轻松而平稳地度过更年期，因为她早在20年前就已经学会了如何应对危机。

而那些总是试图逃避危机的女性却很可能会遇到真正严重的困难，她们总是幻想会和好莱坞的星探不期而遇，她们除了自己的孩子，从不发展任何其他方面的兴趣。那么，在更年期来临的时候，她们厚重的妆容再也无法掩盖皱纹，孩子们离开家，留给她们的不仅仅是一个空巢，更是一种空虚的生活，这时她们就会彻底崩溃，这没有什么好惊讶的。

生活对女人和男人来说都不容易，健康的生活包括尽早迎接和解决危机，以便我们能够继续下一步。这的确有些奇怪，心灵健康的最佳衡量标准是我们可以在一生中克服多少困难，化解多少危机。

有一种可怕的精神疾病，其表现形式是在伪装下过日子，在表演中生活，而那些具有积极信仰的人则活在真诚的关系中。现在，伴随着生活中的起起落落，大多数人都有"精神危机"。有精神危机而不是抑郁症，这听上去似乎更有尊严一些，往往也是一种更合适的解读事物的方式。实际上，所有的心理问题都可以看作是精神的危机。在我的心理治疗实践中，我经常需要付出极大的努力，才得以让人们认识到自己的重要性和真诚关系的意义。

我们不必在生活中刻意制造危机，我们只需要认识到它们的存在。的确，我们必须认识到，我们生活在一个迫切需要真诚关系的时代。我们可以做一次选择。我们可以选择继续假装事实并非如此；继续拒绝面对危机，直到危机来临，将我们摧毁。当然，我们也可以选择看清生活的真相，在真实的基础上，建立起真诚的关系，并从中获得解决危机的能力。

因为孤独，所以我们渴望真诚

因为我们的需要，我们潜意识的渴望，也因为它是如此吸引人，即使没有明显的危机，我们有时也能建立起真诚关系。这发生在我和麦克·贝吉里小组，冲绳岛的技术员小组和缅因州贝瑟尔市林迪的T小组的成员之间。然而，这常常是可遇不可求的，有时候发生了，有时候却并没有。毕竟麦克的另一个小组和其他几个T小组最终都没有成为真诚共同体。

一个偶然的事件恢复了我对建立真诚关系的兴趣。1981年，乔治·华盛顿大学邀请我举办一期主题为"精神成长"的讲习班。我从未任职过大学教师，也并不是个严肃的学者，因而对自己是否有资格在这样的学术环境中任教感到不安。然而，机缘巧合之下，在讲习班开始的几个月前，我偶然在一份非常优秀的学术期刊上看到一篇与这个主题相关的文章。人类学家理查德·卡茨撰写的这篇名为"转型的教育：成为桑人和斐济人的治疗者"的文章，描绘了世界两端这两个"原始"社会中被指定为治疗者的精神旅程。这些文化有着显著的不同。也正因此，我对这两种治疗者精神之旅的相似性深感震惊。不仅如此，我们自己文化中的许多修行者以及其他人,也经历过与之相似的精神之旅。我认为,这篇文章不仅与我即将举办的讲习班有关,而且还会令60名参与者对我的博学印象深刻,我当即要了60份复印件并带走了它们。

在讲习班上,我发给每位参与者一份文章的副本,要求他们在半个小时内阅读完毕。接着,我让他们默默沉思10分钟。最后,当我们围坐在一起时,我要求他们开始讨论这篇文章,并告诉他们,我会从他们讨论的内容中选出一些有代表性的主题。

我原以为整个过程将是非常平静和学术性的。

讨论开始后,小组成员立即认识到桑人、斐济人和他们自己精神之旅的相似性。但那不是主题,大家对它几乎完全没兴趣。而很快浮现出来的,是他们对这些"原始"社会中的治疗者深深的羡慕。

事实上,这次讲习班的所有参与者几乎都是教师、护士、治疗师或神职人员:他们自己就是专业的治疗者,在华盛顿城区或郊区的"卧室社区"生活和工作。他们感到自己与他们所服务的人之间存在深刻的隔阂。根据文章中的描述,桑人和斐济人的治疗者与他们的病人一起住在小型的、完整的乡村群体里。当小组成员谈论着桑人和斐济人时,他们的眼中充满了渴望。讲习班的重点迅速变成了他们对自己孤独的尖声控诉。

"孤独"一词,最初是发源于"all"和"one"这两个词的组合,除了"一个人独处"的意思之外,还带有"完整"的意思。任何事情一旦触及本质,都是充满矛盾和悖论的。"孤独"一方面是指分裂和独处，另一方却又对完整和统一充满了渴望。在人与人的真诚关系中回归完整和统一，正是孤独指向的目的。所以，越孤独的人，越渴望建立真诚的关系。

这并无学术性可言，却是有力的、动人的、治愈的，给我们带来了深切的满足感。出于对真诚关系的向往，我们这些孤独的治疗者跌跌撞撞地，在一个学术讲习班的幌子下，偶然发现了我们心中最渴望的东西，于是建立起了真诚的关系，成为一个真诚共同体。虽然只是简短而美妙的几小时，我们却经历了一段不再孤独的时光。

真诚关系就是这样，我们沉浸其中，敞开心扉，曾经凝固的情绪像冰雪一样消融，静静流淌，没有恐惧、焦虑、羞愧和孤独，只有感动与喜悦，柔软与坦诚。从那时起，我便有了一个心愿：我能带领未来的讲习班再一次建立起真诚关系吗？群体是否可以通过专门的设计建立真诚关系，而不是通过危机？

答案是肯定的。

我曾经把真诚共同体称为奇迹。从定义上来说，我们认为奇迹几乎是不可能控制或预测的。它们是对平凡的非凡入侵。在我们的社会中，真诚共同体的形成依然是十分罕见的现象，仿佛是平凡生活中开出的一朵瑰丽的花。奇迹也被定义为一种自然法则无法解释的现象，但这并不意味着它们无章可循，也许奇迹简单地遵守着我们人类目前通常并不了解的规律。

真诚关系的原理

在华盛顿的讲习班之后，一旦有机会我便会努力做一些尝试，无论真诚共同体是否是奇迹，我都希望它能再次发生。我开始频繁地开展"建立真诚共同体的讲习班"。尽管我在这一过程中所得到的成果是通过试验和错误换来的，我已经能够根据事实得出一些具有确定性的结论。

以下是最基本的一些：

1. 一群人建立真诚关系的过程是具有规律性的。每当一个群体按照某些非常明确的法律或规则运作，它就会成为一个真诚共同体。

2. "沟通"（communicate）和"共同体"（community）这两个词虽然分属动词和名词，但来源于同一个词根。良好的沟通原则是真诚共同体建立的基本原则。而且由于人们并不是生来就知道应该如何沟通，因为人们还没有学会如何有效地交谈，他们对于建立真诚关系的法律或规则一无所知。

3.在某些情况下，人们可能会在不知不觉中误打误撞地遵守了真诚关系的规则。这就是在我之前所描述过的真诚共同体中发生的情况。因为这个过程是无意识的，所以人们不会有意识地学习这些规则，因此立刻就忘了该如何去重新实践。

4.建立真诚关系的规则是相对简单的，可以通过学习获得，并在以后的日子里进行实践。

5.学习可以是被动的，也可以是体验式的。体验式学习要求更高，但效果也会有极大的提升。与其他很多事情一样，从实践中学习能迅速掌握沟通的技巧，也能尽快掌握建立真诚关系必须遵循的规则。

6.绝大多数人都有能力学会沟通的技巧，也能掌握建立真诚关系的原则，换句话说，如果一个群体中的成员明确知道应该怎么做，几乎所有的群体都可以建立起真诚的关系。

之所以能够将上述结论作为事实陈述，是因为自乔治·华盛顿大学的成功经验之后，我已经举办了二十多次建立真诚关系的讲习班。尽管每一次都经历了困难的时刻，但是最终都无一例外地获得了成功。每个团队都成功地建立起了真诚的关系，这与敏感小组时期的情况截然不同。如前所述，在当时，真诚关系仍是可遇不可求的事物。这一成功与我的独特个性并没有必然的联系，虽然并非每个人都能成为一个建立真诚关系的领导者，但很多接受过培训的人不仅取得了相似的成功，也已经开始培训其他人。

这些原理和规则是什么？通过描述建立真诚关系这一过程的各个阶段，可以更好地阐明最基本的一些问题。现在我们即将开始了解这些阶段。但是，要小心。人们总是会抱怨："他人即地狱，我的生活中不存在任何真诚的关系。"这种现象一直很普遍，甚至让人习以为常。当真诚关系只是偶然产生的现象时，这样的抱怨姑且算是合理的。但是，在了解了这些规则的情况下，如何做完全取决于他们自身，如果继续渴望着真诚关系，而不采取任何行动将不再是一件情有可原的事。

建立真诚关系通常有四个阶段,分别是:伪共同体,混沌,空灵,真诚共同体。

第5章

The
Different Drum

建立真诚关系的四个阶段

当一个群体有意识地组织起来，希望建立起真诚的关系时，通常需要经历一些特定的阶段。这些阶段依次是：

伪共同体

混沌

空灵

真诚共同体

并不是每一个建立起真诚关系的群体都完全遵循这个范式。例如，为了应对危机而临时形成的真诚共同体，可能会暂时跳过一个或多个阶段。我并不认为建立真诚关系需要遵守严格的公式。但在通过设计来建立真诚关系的过程中，这确实是一种比较自然，符合其发展规律的概括。

其他对建立真诚关系进行广泛研究的人认为，真诚关系的发展进程也具有阶段性。在群体的领导者中，甚至有一个关于这些阶段的总结性概括："形成，攻坚，规范，展示。"然而这个公式过分简单，即使并非毫无用处，至少也是不完善的。

伪共同体

伪装，这是一个团体试图建立真诚关系时最常见的第一反应。成员们试图通过特别友好地对待彼此，以及避免一切争端来组成一个临时的共同体。这种尝试，这种对共同体的伪装，就是我所指的"伪共同体"。这种尝试从来未曾奏效过。

当我第一次遇到伪共同体时完全不知所措，特别是，它还是由一群专家创建的。那是在曼哈顿下城格林威治村的一个讲习班中，其中的每个成员都是老练世故、以结果为导向的纽约人。许多人都有广泛的精神分析经验，因此习惯于"刻意地展示脆弱"。他们在几分钟之内就分享了生活中深刻而亲密的细节，甚至在第一次休息时便已经开始相互拥抱。嘭的一声——即时共同体诞生了！

但是，这其中缺少了某些东西。起初我很高兴，我想，天哪，这简直就是天上掉馅饼。成功唾手可得，什么也不用担心。但是到了中午的时候，我开始变得不安，而且找不到问题出在哪里。我没有在这种关系里体会到美好、快乐和激动的感觉。事实上，我甚至感到有些无聊。然而从目标上看，这个群体似乎完全在按照一个真正的真诚共同体的标准行事。我不知道该怎么做，甚至不知道是否应该做点什么，于是在接下来的时间里完全任其发展。

那天晚上我没有睡好觉。临近黎明时，虽然不确定正确与否，我仍然决定向小组成员透露我的不安。第二天早上当我们重新聚集在一起时，我对他们说："你们是一个非常优秀而有经验的群体，这或许是我们昨天早上看似异常迅速而轻易地形成了共同体的原因，但也正是因为太快，太容易了，我有一种奇怪的感觉，我感到这其中缺失了一些东西，导致我们现在还不是一个真正的真诚共同体。现在我想留给大家一段时间静默思考，再看看我们对此将如何回应。"

小组果然做出了回应！

静默结束后，这些看似温和、亲切的人们几乎要大打出手。前几天积压的私人恩怨几乎同时爆发了出来，他们开始因为不同的意识形态或信仰而攻击对方，毫不犹豫，完全不留情面。

这是光荣的混沌！

最后，我们开始步入建立真正的真诚共同体的阶段，最终我们也成功地做到了。但是直到混沌发生的时刻，这个由一群经验丰富的成员组成的小组将成功的时间拖延了整整一天。

这个故事揭示了两个道理。其一：警惕即时共同体。真诚关系的建立需要时间，需要为此付出努力和牺牲，它并不能被廉价地购买。其二：在新手和经验丰富的人群中建立真诚关系并没有显著的难易之分。例如，我所见过的最行之有效的真诚关系的建立，是由一群来自美国中西部小城市的公民领袖所完成的，而他们几乎没有接受过任何关于心理方面的训练。另一方面，经验丰富、老于世故的人们可能更擅长于伪装。

在一个伪共同体中，一群人往往试图通过廉价的伪装来建立真诚的关系。这不是邪恶的，是有意识的伪装，不是刻意的欺骗，或者黑色谎言。相反，这是一个无意识的、温和的过程，人们试图通过编织无伤大雅的白色谎言来营造彼此亲密无间的氛围，通过隐瞒自己或是自身感受的部分真相来避免冲突。但这仍旧是一种伪装。这是一条诱人却无效的捷径，最终只会将人引入死胡同。

伪共同体的本质是避免冲突。这里指的是未经群体自身诊治就可以杜绝一切冲突的情况。真诚关系的建立可能会经历非常友善、长时间没有冲突的时期，但那是因为他们已经学会了如何处理冲突而不是避免冲突。伪共同体选择避免冲突，而真正的真诚共同体可以解决冲突。

伪共同体解决个体差异的方法往往是将其最小化，否认它，或是彻底忽视它。处事周到的人习惯于保持礼貌，甚至不用考虑自己在做什么就可以展示出良好的礼节。在伪共同体中，仿佛每位成员都在按照相同的礼仪手册行事。这本手册中的规则包括：不要做或说任何可能冒犯别人的事情，假如有人做了或说了一些冒犯、惹恼或激怒你的事情，应当表现得好像什么也没有发生，装出完全不在意的样子。

如果显露出任何形式的分歧即将发生的征兆，那么尽可能快地、平滑地改变主题,这是每一个周到的女主人都知道的规则。很容易看出这些规则如何作用于一个平稳运作的群体。但这些规则也粉碎了群体的个性、亲密和坦诚,使其存在的时间越长越沉闷乏味。

伪共同体最基本的伪装是否定个体差异。成员们假装着,表现得似乎他们都有相同的信仰,对外国人有同样的理解,甚至有着相同的生活史。伪共同体的特征之一是人们倾向于泛泛而谈。他们会说"离婚是一个悲惨的经历",或者"每个人都应该相信自己的本能",或者"我们应该相信我们的父母已经尽其所能",或者"一旦你找到了信仰,你就不必再害怕"。

伪共同体的另一个特点是成员们都默认了彼此之间这些空洞的劝慰。他们会想,20年前我就找到了信仰,但有时我仍会害怕,然而有什么必要将这件事告诉其他人呢?为了避免发生冲突,他们隐藏了自己真实的感受,甚至点头称是,好像对方阐述的是一个普遍的真理。事实上,每个人都担负着避免产生任何分歧的巨大压力,以至于即使是群体中经验最丰富的人,即使他们完全清楚笼统空泛的交流对真正的沟通是具有破坏性的,也会压抑住自己,不去点破那些在他们看来再明显不过的错误。而这种压抑带来的结果是,如果有一群来自火星的观察者,将会从伪共同体中得出关于人类的如下结论:虽然他们外面看起来非常不同,但内部却是完全一样的。与此同时,观察者们也许会得出人类是如此无聊的结论。

根据我的经验,大多数自称为"共同体"的组织实际上都是伪共同体。请回想一下，在普通的团体中，对于个体差异的表达是鼓励还是劝阻？我在共同体的第一阶段所描述的那种盲从，在我们的社会中是常态还是例外？会不会有很多人甚至还不知道有超越伪共同体的形式存在？

自格林威治村的那场讲习班之后，我发现自己不仅很容易识别伪共同体，还可以将它扼杀在萌芽状态。通常所要做的就是对那些泛泛而谈或陈词滥调发起挑战。当玛丽说"离婚是一件可怕的事情"时，我很可能会做出如下评论："玛丽，你这样说太宽泛了，我希望你不要介意我将你作为这个小组中的一个典型案例。人们想要获得良好的沟通，其中非常重要的一点就是要学会有所特指，多在陈述中采用'我'或者'我们'这样的字眼，不知道你能否用'离婚对我来说是一件可怕的事情'来重新陈述一下你的观点。"

"好吧，"玛丽同意了，"离婚对我来说是件可怕的事情。"

"玛丽，我很高兴你这样表述。"

而特蕾莎则可能表现出相反的看法，她很可能会这样说："离婚对于我而言是过去20年中发生的最好的事情。"

一旦个体差异不仅被允许，而且被以某种形式加以鼓励，群体便会立即进入发展的第二阶段：混沌。

混沌

混沌总是围绕着治愈和转化这样一个好的出发点而进行的有失偏颇的尝试。在此我可以举一个典型的例子。经过一段不安的沉默之后，某个成员会说："我来这个讲习班的原因是，我有这样或那样的一个问题，我想或许能在这里找到解决办法。"

"我也遇到过这个问题，"第二个成员通常会如此回应，"我尝试了这样或那样的方法，并且最终解决了困难。"

"呃，我已经试过了，"第一个成员回答，"但问题并没有解决。"

"当我有了信仰时，"第三位成员宣称，"那个问题以及所有其他问题都不复存在了。"

"我很抱歉。"第一位成员说，"但我是个比较现实的人，我对此完全没兴趣。"

"没错。"第四位成员接着说，"说实话，我也是个现实派。"

"但那是真的！"第五名成员反驳道。

于是他们开始争吵起来。

通常情况下，人们总是抵制改变。所以治疗者和转化者会变

本加厉地试图对他人进行治愈和转化，直到最后他们所施以治疗和转化的对象开始反抗，并试图对治疗者进行治愈，对转化者实施转化。这的确非常混沌。

混沌不仅仅是一种现象，它还是真诚关系发展过程中不可或缺的一部分。然而不同于伪共同体，即使群体意识到了这一点，它也不会轻易地消失。经过一段时间的混沌之后，我会评论："我们在建立真诚关系方面表现得不是很好，对吗？"有人会回答："没错，而且是因为这个原因。"

"不，是因为那个原因。"其他人或许会回答。于是他们又开始争吵起来。

与伪共同体不同的是，在混沌阶段，个体差异是公开的，也正是在此刻，群体不再试图掩盖或忽略它们，而是试图抹杀它们。在治愈和转化的企图背后，其动机与其说是爱，不如说是将每个人标准化，抹杀差异，当人们为了谁持有的标准更胜一筹而争论不休时，其目的是为了获取最终的胜利。

然而，转化的欲望并不一定总是围绕着哲学问题。我之前所提到过的公民领袖小组的混沌阶段，是围绕成员针对如何造福他们的城市而提出的不同计划所展开的。一个人认为她提出的安置无家可归者计划必将行之有效。另一位将劳资关系视为问题的焦点所在。还有一个人则认为，遏制虐待儿童的方案更为重要。因此这些充满干劲的男人和女人们为自己的宝贝计划争得不可开交，每个人都希望他或她的特定项目赢得胜利，每个人都试图让其他人按照他或她的主张行事。

混沌阶段是对抗和斗争的时期，但这并不是它的本质。一般情况下，一个团体即使建立起真诚关系，成为一个真诚共同体后，人与人之间也不免存在对抗和斗争，只不过那时人们已经学会了如何有效沟通，最终解决分歧。在一个真正的真诚共同体中不时出现的分歧往往伴随着爱和尊重，通常异乎寻常地平静，甚至可以说是和平的，因为成员们都会努力倾听彼此。当然，有时争论也可能非常激烈，即使如此，它仍旧是生动活泼的，每个人都对即将达成的共识感到兴奋。而在混沌中，这种感觉并不存在，混沌中的抗争是杂乱无章的、嘈杂的，人们各执己见，不肯倾听对方，毫无创造性和建设性。与伪共同体一样，混沌只会带给人无聊的感觉，成员们不断地进行无效的相互攻击，既谈不上优雅也没有节奏可言。事实上，对于外部的观察者而言，处于混沌阶段的群体最有可能带来的主要感受是绝望。斗争没有任何进展，既没有成果又缺乏乐趣。

如果从一个更广阔的视角来看待混沌，我们会发现夫妻之间、父母与孩子之间，都会在某个阶段出现混沌的情况。男女进入婚姻，意味着他们开始建立关系，最初彼此都会忍耐对方，努力将双方的分歧和差异最小化，极力避免冲突，这相当于伪共同体阶段。不过，每个人的忍耐都是有限度的，多则几年，少则一年，夫妻双方就会进入混沌的阶段。在混沌阶段，个体差异公开，他们不停地争吵，男人想把女人变得像他一样，而女人埋怨男人为什么不像她一样感受和思考。这时婚姻中的男人和女人就像在跳探戈一样，你想压倒我，我想压倒你，彼此都想治愈和转化对方。金赛在性学报告中提出的"七年之痒",就是因为彼此在争吵中厌倦了,绝望了,最后选择离婚,或者走向婚外情。

同样,当孩子进入青春期后,随着孩子人格的独立,父母与孩子的关系也就进入了混沌的阶段。这时,父母会惊讶地发现孩子不再是从前那个听话的,唯命是从的孩子了,他们总是违背父母的意愿,故意与父母作对。父母觉得孩子有问题,他们想治愈孩子。但同时孩子也会觉得父母太死板,太老套,对他们太苛刻,他们强烈反抗父母的治愈。于是父母与孩子之间不断争吵,冲突不断,家庭似乎变成了一个激烈的战场。

混沌是不愉快的,这导致了在这一阶段,成员们不但会相互攻击,还会把矛头指向他们的领导者。"如果我们有个高效的指导者就不会这样争吵了。"他们会说,"斯科蒂,你没有给我们指明方向。"从某种意义上讲,他们说得没错,有这样的想法是迷失方向后的自然反应。当然,要想简单规避这种混沌的局面也很容易,譬如找一个专制的领导人,或者让一个独裁者为他们指定具体的任务和目标,或者制定一套组织系统,让每个人严格执行。这样虽然可以简单地规避混沌,但唯一的问题是,一个由独裁者所领导的群体不可能建立真诚的关系,也不是真诚共同体。

真诚共同体和集权主义是不相容的。

在真诚关系发展的混沌阶段,为了应对这种被认为是领导力真空的状态,一种很常见的情况是,群体中的一个或多个成员会试图取代指定的领导者。他或她(通常是他)会说:"瞧,我们已经步入了绝境,我们何不追根溯源,每个人都说些关于自己的事情呢？"或者"我们为什么不以六到八个人为小组，分别寻找解决办法？"或者"为什么我们不尝试构建一个小组委员会来商讨共同体的定义？这样我们就会知道下一步该怎么做了。"

"次要领导人"所带来的问题并不是由于他们本身的出现，而在于他们所提出的解决方案。他们提出的这样或那样的方式，实际上总是使人们可以"到组织系统中寻求庇护"。组织系统的确是一种解决混沌的方式。事实上将混沌最小化正是形成组织系统的主要原因。但问题在于，组织系统和真诚关系也是不相容的。委员会和主席不是真诚共同体的产物。我并不是说企业或者其他组织中绝不可能包含一定程度的共同体成分。我不是无政府主义者。但是，一个组织能够在自己内部孕育出一定程度的真诚关系，必然愿意容忍缺乏某种组织形式，并承担其风险。只要是以建立真诚关系为目标，用组织作为解决混沌的尝试就是一个不可行的方案。

真诚关系发展的混沌阶段时间长短不一，这取决于领导者和群体的性质。有些群体在经过我的指点后能很快摆脱混沌的状态。而有些群体在明知混沌是不愉快的情况下，仍拒绝合适的解决方案，继续折腾好几个小时。回到敏感小组的日子里，有一些群体自始至终都陷在一种毫无建设性的混沌状态里。

解决混沌的最佳方案并不容易。混沌总是令人不愉快又缺乏建设性，但混沌并不是一个群体所处的最糟糕的状态，它比伪共同体要真诚得多，也要进步得多。

毕竟，真诚的吵架要强过虚伪的彬彬有礼。

几年前，我有幸接受过一次简短的咨询，以解决一个大型团体中的混沌问题。在那之前，该团体推选了一位充满活力的新领袖，他的领导风格过分坚定而自信，甚至超出了人们的预期。在我拜访期间，有超过三分之一的人强烈抵制这种风格，但是大多数人对此十分满意。分歧异常激烈，双方都感到十分痛苦。然而，从他们的直言不讳，他们明白无误的痛苦，以及他们在彼此斗争的坚持中，我感受到了很大的活力。我几乎无法提供任何直接的解决方案，但是我至少能够提供一些安慰，告诉他们，在我看来，这个团体比大多数团体更具活力。我这样向他们解释："与伪共同体相比，你们现在的混沌状态是一种进步，虽然你们还没有成长为一个健康的真诚共同体，但是你们能够公开地面对这些问题，对抗比假装没有分歧要好得多，这是痛苦的，但这是一个开始。你们已经意识到需要超越派系之争，比起认为完全不需要做出任何改变，此刻的状态充满了无限希望。"

空灵

当群体花费了足够的时间争吵，却仍然没有找到出路时，我会向他们解释："摆脱混沌只有两种方式，一种是进入组织，但组织并不是真诚共同体，除此之外的方式就是进入并穿越空灵。"

多数情况下，小组成员会无视我的建议继续争吵。因此不久之后我会再次提醒："我向你们建议过，从混沌到共同体的唯一途径是进入，并且穿越空灵，但显然你们对我的建议并不感兴趣。"接下来仍然会有更多的争吵，直到终于有一位成员用不耐烦的语气问："这个所谓的空灵是什么东西？"

群体不愿意接受空灵的建议并非偶然。"空灵"是个神秘的词汇和概念，但这并不是遏制人们接受它的原因。人类是聪明的，而且往往在潜意识的深处，他们所知道的比他们想知道的要多。因此当我提到"空灵"时，他们事实上已经预感到即将发生的事情。但他们并不急于接受。

空灵是很困难的阶段，也是真诚关系发展最重要的阶段，是混沌和真诚共同体之间的桥梁。

当小组成员终于要求我对空灵进行解释的时候，我会简单地告诉他们，他们需要摆脱沟通的障碍。而且我可以运用他们在混沌中的行为向他们指出一些具体的东西——感受、假设、想法和动机，这些东西充斥着他们的思想，使它们像台球一般结实，很难轻易改变。摆脱这些障碍的过程是从"顽强"到"柔软"的关键。人们在进入真正的真诚共同体之前需要自行摆脱的最常见的沟通障碍是：

期望和先入之见

真诚关系的建立是一场冒险，是一个进入未知领域的过程。人们通常会害怕未知，因此他们很容易对将要发生的事情进行错误的预期，并将这种预期保留在脑海中。事实上，我们人类在面对很多情况时都会带着先入之见，然后试图让接下来的经历符合我们的期望。有些时候这样做是有效的，但通常它是具有破坏性的。我们只有摆脱先入之见，不再试图将自己和他人套入固有的模式中，才能真正地去聆听彼此，才能听见真实的声音，才能获得纯粹的体验。有人曾明智地总结过："真正的生活总是不期而遇的。"然而尽管有这样的智慧，我们仍然很难带着完全开放的、不带预期的思想进入一个全新的领域。

偏见

偏见往往不是故意的，而是下意识的。它有两种形式，一种是我们在没有任何经验的情况下对他人所做的判断，例如当我们遇到陌生人的时候，我们会依据第一印象来判断："他这么娘娘腔，我敢打赌他是个同性恋。"或者"天呀，她看起来该有九十多岁了，多半是个老糊涂。"而另一种更为常见的情况是，我们会根据非常短暂而有限的经验来对他人做出判断。我在几乎每个讲习班中都遇到过这样的情况，起初我认为其中的某个人是典型的"书呆子"，之后却发现他有着非凡的天赋。真诚关系的建立需要时间，这是即时共同体不可信的一个主要原因，我们需要足够的经历和时间来意识到我们自身所抱有的偏见，并且将它们彻底摆脱。

意识形态、信仰和解决方案

很显然，当我们过分在意某些想法和感受时，就无法和其他人并肩而行。例如：他显然是个鹰派的共和党商人，我可不想与这种人为伍。我们需要摒弃的不仅仅是这种意识形态上的僵化，而且是任何一种被假定为"唯一正确的方式"。同理，我之前所提到的中西部公民领袖们，必须摆脱那些他们自认为是解决城市问题的"唯一方案"的宝贝计划。

然而，在谈到这个摆脱的过程时，我并不是在暗示我们应该彻底抛弃那些来之不易的感悟和理解。几年前，在弗吉尼亚州的一个讲习班中就提供了一个很好的例子，以体现摆脱和抹杀的区别。这是一群我曾遇到过的最执着的转化者。每个人都想谈论信仰，每个人对信仰都有着不同的看法，每个人都确定她或他确切地知道谁有真正的信仰。没过多久，我们就陷入了异常混沌的局面。但是在之后的仅仅36个小时，这个小组就完成了从混沌到真诚共同体的奇迹般的过渡。随后我对他们说："这很有趣，今天你们对信仰的谈论和昨天相比并没有减少，从这方面看你们没有变，发生变化的是你们谈论的方式。昨天你们谈论信仰的时候似乎对它了如指掌，好像它就装在你的口袋里似的，而今天，你们都以谦卑而幽默的态度来谈论。"他们完成了由无所不知到知之甚少的转变，实现了由自大到谦虚的飞跃。

治愈，转化，修复或解决的需要

在混沌阶段，当群体中的成员试图相互治愈和转化时，他们认为他们正在爱着彼此，却常常被由此带来的混沌结果所震惊。毕竟，帮邻居消除她的苦难，或帮助他看到光明，难道不是一件好事吗？但实际上，几乎所有这些治愈和转化的尝试，不仅是天真无效的，而且是以自我为中心，并为自我服务的。当我的朋友痛苦时，我也会感到痛苦，如果我能做点什么来摆脱这种痛苦，我会感觉好些。当我努力治愈对方的时候最基本的动机其实是让自我感觉良好。但是这里有几个问题：

其一，我的治疗通常对朋友无效。事实上，提供治疗的人通常只会让被治疗的人感觉更糟糕。这也就是为什么乔布斯的朋友在他最痛苦的时期给他提供的所有建议反而使他的生活更加悲惨。真实情况是，当一位朋友沉浸在痛苦中时，我们可以做的最友善的事情就是分担他（她）的痛苦，陪伴在他（她）的身边，即使除了陪伴之外我们并不能给予更多，即使这种陪伴令我们自己也感到痛苦。

其二，对转化的尝试也是如此。一方面，如果你的意识形态与我的不同，就会使我陷入对自己的质疑。在这样基本的问题上，我居然对自己的理解感到不确定，这是十分令人不悦的。另一方面，如果我能把你的思维方式转换成和我的一样，那不仅会缓解我的不适，而且能进一步证明我的信仰的正确性，并使我扮演了一次救世主的角色。这比起延伸自我从而理解你的信仰，要简单而美妙得多。

当他们进入空灵阶段时，群体的成员逐渐意识到——有时是突然的，有时是循序渐进的——他们渴望治愈、转化，或以其他方式"解决"他们之间的个体差异，其实是一种通过抹杀这些差异来满足自己的，以自我为中心的渴望。然后他们开始明白，可能有一种与此相反的方式：欣赏和庆祝个体差异。没有一个群体比那些不起眼的中西部公民领袖更快地了解到这一点。因为我们能在一起工作的时间很有限，所以我对他们格外生气。"我一开始就告诉过你们，"我提醒他们说，"我们共同的目的是建立起真诚的关系，而不是为了解决你们城市现存的问题。然而在这里，你们不是在谈论自己，而是关于你们所提出的解决方案，它们在我看来都还不错，但是你们只是反复用这些提案在彼此的脑袋上争来斗去。现在，如果你们愿意的话，可以在接下来的24个小时里继续这么做，但我真的不认为这样做能使你们或是你们的城市比起你们今天早上刚刚踏入这里时变得更好，而且如果继续这么做的话，你们必将与建立真诚关系无缘。相反，如果你们想要成为真诚共同体的话，必须从脑海中摆脱自己所鼓吹的提案，摆脱渴望看到它获取成功的意愿。或许，只是或许，当你们建立起真诚关系的时候，你们将会以这样一种方式共同建设你们的城市，对此我不确定。但是让我们花上40分钟，进行一次额外的休息，让我们看看在这段时间内，你们每个人是否可以彻底将自己从那些提案中释放出来，让我们作为不同的人，至少进行一次坦诚的相互了解。"

我们在接下来的一个小时内建立起了真诚的关系。

控制的需要

建立真诚关系中的这一障碍是我自己最担心的。作为讲习班的指定负责人，我需要对整个小组负责，使其处于控制之下，并免受伤害。此外，尽管我告诉小组中的每位成员，他们对于整个小组的成功所肩负的责任与其他任何一位成员完全一致，但我的内心并不真的这么认为。如果讲习班失败，我觉得，我将承担主要责任。因此，我总是试图去做些什么，即通过控制或操纵，以确保获得理想的结果。但是，真诚的关系，无法通过一个专制的领导者来获得。它必然是整个群体共同努力的结晶。这本身就是自相矛盾的，因此要成为一个有效的领导者，我必须花费绝大部分的时间静静地旁观，无为而治，什么也不做，只是等待，让事情顺其自然地发生。作为一个本质上属于过分控制型的人，这对我来说并不十分容易。

通过控制以确保达到理想的结果，至少在部分程度上源于对失败的恐惧和焦虑。为了使自己摆脱过度控制的倾向，我必须不断克服这种恐惧和焦虑。我必须接受失败。事实上，很多讲习班小组成功地建立起真诚的关系，是发生在我对自己说"好吧，看起来它注定会失败，我对此无能为力"之后。

实际上，当一个人在心理上由"无所不能"转变为"无能为力"时，往往意味着精神成长的一次飞跃。威廉·詹姆斯说：

> 无数经历证明了一个成功的经验，这就是在无能为力时放手……松开你紧握的双手，卸掉你肩上的包袱，对一切淡然处之，你会发现自己不仅一身轻松，内心释然，而且还常常会获得你梦寐以求的东西。

停止控制某个人，停止控制某件事情，在无能为力后放手，往往能够给人带来脱胎换骨的感受。以我的经验为例，当我摆脱控制的欲望，学会放手之后，我真切地感受到了生活所发生的神奇的变化。过去，由于父母灌输的顽强的个人主义观念，我极力想去控制一切，我带着强撑的心理与周围的人和事发生着摩擦和碰撞，在不知不觉中，我患上了高血压，双手也常常会颤抖。可是，当我逐渐学会放手之后，心理的转变也让身体的疾病得到了缓解，我像彻底变了一个人一样。放手不仅提高了我应对生活的能力，还明白了一个真相——"生活不是要解决的问题，而是要经历的奥秘"。

在这里，我并没有列出一份清单，详细记录下每个人在进入真诚关系之前可能需要放弃的东西。我经常要求小组的成员在休息时间或者夜里，默默地反思他们自己最需要在独特的个人生活中摆脱的事物。当他们回来的时候，他们的报告就像我们所生活的这个星球的地形般五花八门："我要放弃讨好父母的需求""被别人喜欢的需求""我对我儿子的不满""我对金钱的关注""我对上司的愤怒""我对同性恋的厌恶""我的洁癖"，等等。这种放弃是一个牺牲的过程。因此,真诚关系发展的空灵阶段是一个牺牲的时期。而牺牲是痛苦的。

"我必须放弃一切吗?"一个小组成员曾经在这个阶段中恸哭着问。

"不,"我回答道,"只是放弃阻挠你前进的一切。"

这种牺牲是痛苦的,因为它是某种形式的死亡,是重生所必须经历的那种死亡。但即使我们从理智上认识到了这一点,这样的死亡仍然是对未知事物的可怕冒险。在空灵阶段,许多群体成员往往在恐惧和希望之间陷于瘫痪,因为他们会错误地思考和感知空灵,不是将其视为一个置之死地而后生的过程,而是将其视为一种"虚无"或"湮没"。

进入空灵,会让人感到恐惧,但却能令人获得"重生"。马丁在面临"空灵"时的恐惧,以及由此带来的"重生"很有戏剧性。马丁是一个稍微有些倔强,看起来略显抑郁的六十岁的男人,作为一个"工作狂",他取得了很大的成就,甚至成了一个名人。在他和妻子所参加的一个讲习班的空灵阶段,当这个小组仍然试图在一个知识概念的层面上处理空灵的时候,马丁突然开始颤抖和摇晃起来。短暂的一瞬间,我以为他可能是癫痫发作了。然而正当他看起来仿佛处于恍惚状态时,他开始呻吟起来:"我很害怕,我不知道发生了什么,所有这些关于空灵的言论,我不知道是什么意思,我觉得我要死了,我感到恐惧。"

我们几个人聚集在马丁周围,抱着他,安慰他,但并不确定他是否处于生理或是心理的危机之中。

"我感觉快要死了。"马丁继续呻吟着,"空灵,我不知道空灵是什么,我过去的每一分每一秒都在不停地做这做那,你的意思是我其实什么都不用做?我很害怕。"

马丁的妻子拉着他的手。"是,你不必做任何事,马丁!"她说。

"但是我一直在做事,"马丁继续说,"我不知道什么都不做会是怎样的,空灵,那就是所谓的空灵吗?放弃做事,我真的可以什么事情都不做吗?"

"是的,什么都不用做,马丁!"他的妻子回答。

马丁停止了颤抖,我们仍抱着他,大约五分钟之后他告诉我们,他对空灵的害怕,对死亡的恐惧,已经消退了。一个小时后,他的脸上开始呈现出一种柔和的宁静。他知道他陈旧的自我已经被击溃了,并且自己幸存了下来。他也知道,通过自己的破碎,他帮助整个群体建立起了真诚的关系。

法国诗人阿波利奈尔的一首诗或许可以诠释马丁的经历:

"到悬崖边来。"
"不行,我们会摔下去的。"
"到悬崖边来。"
"不行,我们会摔下去的。"
他们来到悬崖边。
他把他们推了下去,他们却飞了起来。

因为空灵阶段可能是异常苦痛的，所以人们通常会痛苦地询问我这样两个问题——

一个问题是："除了空灵，没有任何其他进入真诚共同体的途径吗？"

我的回答是："没有。"

另一个问题是："除了分担彼此的破碎，没有任何其他进入真诚共同体的途径吗？"

我的答案依然是："没有。"

随着一个群体进入空灵阶段，其中一些成员开始尝试着与其他人分担自己的残缺、挫折、失败、疑虑、恐惧、不足和罪恶。他们在反思之后看清了那些需要自我摆脱的东西，因此不再伪装出一副"完美无缺"的样子。然而问题在于，其他成员一般不会非常认真地听取他们的意见，或者会试图对他们进行治愈或转化，另一些人则通过迅速改变话题来忽略它们。在这种情况下，那些已经展示出脆弱的人们不得不快速地缩回自己的保护壳中。承认自己的弱点并不容易，尤其是当其他人听完之后总是倾向于立即对你进行改造，或者表现出认为你所说的东西根本不值一提的时候。

有时候，群体自身会很快意识到，它正在阻止成员表达出他们所经历的痛苦和折磨。然而为了真正地聆听每个人的心声，他们必须真正地摆脱所有成见，以及对"坏消息"的厌恶。如果他们不这样做，我有必要向全体成员指出，他们正在阻挠分担彼此的破碎。有些群体会立即对自身的冷漠无情进行纠正，而另一些群体则会在即将结束的空灵阶段与共同体进行最后的殊死一搏。通常情况下，会有一位发言人指出："拜托，我已经有足够重的家庭负担了，没必要花大价钱还要浪费整个周末到这里来自找麻烦，我一心一意为了这个共同体事业，但是我不明白为什么我们非得一直把焦点放在消极的事情上，为什么我们不能谈论一些美好的事情，我们共同拥有的事情，我们的成功，而不是失败呢？我希望这是一段愉快的经历，如果不能使人愉快的话，真诚共同体的意义何在？"

基本可以说，这最后的阻挠是企图逃回到伪共同体。但是，目前的问题已然不仅仅是个体差异是否应该被否定。群体已经远远超越了那个阶段，取而代之的斗争焦点是关于群体的完整性。关于群体是否选择在拥抱生活的光明的同时，也接纳生活的黑暗。真诚的关系的确是令人愉快的，但它也是现实的。悲伤和欢乐必将以适当的比例呈现。尼采说："其实，人跟树是一样的，越是向往高处的阳光，它的根越要伸向黑暗的地底。"

我在谈到空灵阶段时，就好像它只是在组成群体的每个个体的思想和灵魂中发生的事情一样。事实上，真诚共同体总是大于组成它的人员总数。伪共同体、混沌和空灵，与其说它们是个人所经历的阶段，不如说是整个群体所经历的阶段。一个群体，从一群人的集合向一个真诚共同体的转变过程，需要经历很多个体的"死亡"，但这也是一种群体死亡的过程，群体正在消亡。在空灵阶段，令我感到痛苦的往往不是看着那些个体正在经历的死亡和重生，而是看到一个群体在死亡过程中的阵痛，我仿佛能听到这个庞然大物的苦苦呻吟。个人有时会为群体代言："我们感觉快要窒息了，整个小组都痛苦不堪，难道你不能帮帮我们吗？我并不知道成为一个真诚共同体必须经历死亡。"

正如某些个体的肉身死亡过程迅速而温柔，另一些却痛苦无比且旷日持久一样，群体的精神妥协也是如此。但无论是突进式的还是渐进式的，我所经历的所有群体最终都成功地完成了这种形式的死亡。他们都穿越了空灵，通过牺牲小我建立起了真诚的关系。这是对人类精神的非凡证明。这意味着，一旦给予正确的环境和相关规则的引导，在确切和非常真实的层面上，我们人类能够彼此建立起真诚的关系，让生命活得更有意义。

真诚共同体

当死亡仪式完成，完全处于开放和空灵的状态时，群体便进入了真诚共同体。在这最后的阶段，柔和的安宁降临了。这是一种平和、宁静，整个房间沐浴在和睦的氛围之中。接着，一位成员轻轻地开始诉说关于她自己的事情。她变得异常脆弱，她诉说着自己隐藏最深的部分。而群体中的每个人耐心聆听着每一个字。没有一个人曾注意到她居然有如此绝妙的口才。

当她诉说完之后大家都沉默了，这沉默持续了很久，但并不显得那么久。这沉默之中没有潜藏的不安。慢慢地，源于这沉默，另一个成员开始了诉说。他同样深刻地剖析了自己，而不是试图去治愈或转化之前的那一位。他甚至没有尝试去回应她。此刻的主题是他，而不是她。但群体中的其他成员并不认为他忽视了她。他们所感觉到的是，他仿佛将自己也置身于祭坛之上，并列地躺在了她的身边。

重又回归寂静。

第三位成员发言了。也许这是对前面的发言者的回应，但这回应中并不包含治愈或转化的企图。它或许是个笑话，但不是建立在取笑任何人的基础上。它也许是一首简短的诗歌，不可思议地适合当下的情境。它可以是任何柔软而温和的东西，但同样，它仍是一件礼物。

接着会有下一位成员发言。随着时间推移，会有很多的悲伤和痛苦被表达出来，但也会有很多的欢笑和喜悦。会有丰盈的泪水，有时是因为悲从中来，有时是因为喜极而泣，有时他们会同时因为这两种感情的交织而落泪。然后，更神奇的事情发生了。在没有人再试图对他人进行治愈和转化的时刻，非同寻常的治愈和转化开始运作。真诚共同体也就此诞生。

接下来会发生什么？这个群体已经成为一个真诚共同体。从今以后它将往何处去？未来，它的任务将是什么？

这些问题没有标准答案。对于专门为获得短期经验而组建的群体来说，其主要任务也许不过是简单地享受这一过程，并从随之而来的心理治疗中受益。它还有一个额外的任务，就是将自己终结。无论如何，必须有一个结束。相聚在这里，彼此给予深切关怀的人们需要时间来告别。回归没有真诚共同体的庸常世界的痛苦情绪需要被表达。短期真诚共同体需要给自己足够的时间来完成这一切。最好的情况通常是，真诚共同体已经能够用某种形式的礼节或仪式，为自己安排一场相对欢乐的葬礼。

如果这个群体的最终目标是解决一个问题，筹划一项运动，修复内部的一次分裂，安排一次合并等，它应该将这个任务继续下去。但只有在拥有充分时间享受真诚共同体经历之后才能够巩固这一体验。这样的群体应该始终牢记："放下彼此的成见，把建立真诚关系放在首位，把解决问题放在其次。"

在真诚共同体中，由于人们超越了狭隘和偏见，敞开心扉接纳彼此，所以每个都能从中感受到温暖和治愈。诗人鲁米有这样的诗句——

> 在对和错的观念之外，
> 还有一个所在。
> 我会在那里与你相遇。
>
> 当灵魂在那里的草地上躺下，
> 这个世界便如此完美，难以言表。

在我看来，诗人鲁米所描绘的就是一种人与人之间的真诚关系，在这种关系中，人们消除了以自我为中心的想法，建立起了真诚共同体。

　　由于我把真诚共同体描述得太美好，我担心有些人可能会认为真诚共同体的生活比平常的生活更容易或更舒适。事实并非如此。但它肯定更鲜活，更炽烈。痛苦会加剧，喜悦也是如此。然而，真诚关系中的欢乐经验并不是理所当然的。斗争时期，即使在真诚的关系中，大多数成员也不会体验到欢乐。相反，普遍的情绪更可能是焦虑、挫败或疲惫。即使是欢乐气氛占据主导的时期，少数成员也可能因为个人的忧虑或冲突，而无法感受到真诚共同体的某一部分精神。

　　这就像是坠入爱河。当他们进入真诚关系的时候，人们会真切地体会到大规模的彼此坠入爱河的感觉。他们感受到的不仅仅是相互间的触摸和拥抱，而是仿佛在同一时刻拥抱了每一个人。在情绪达到高潮的时刻，这种能量水平是超自然的，是欣喜若狂的。我的妻子莉莉在诺克斯维尔酒店的一个讲习班中提出了一个神奇的说法，当时她指着地板中央的一个电源插座说："我们仿佛串联在田纳西河流域管理局的整个电能输出系统上。"

　　然而，强大的能量往往具有潜在的危险性。不过，真正的真诚共同体所具备的危险力量并不会催生出暴民心理，而是群体性的情欲。当一群人彼此相爱，需要释放出巨大的性能量时，这一现象是很自然的。通常情况下也是无害的。但真诚共同体明智地认识到，只要他们巨大的潜在情欲并未失控，就不必压抑它，因为爱不只有一种模样。关于爱的其他形式的体验同样重要，兄弟或姐妹之间的爱，以及神圣的爱等，这种爱的体验甚至可能比单纯的情爱或浪漫的结合更深沉，更有价值。真诚关系中的情欲是对其欢乐的一种表达，它的活力可以被导向有用而具有创造性的目的。

经过这样的引导，真诚共同体的生活可能会触及某些甚至比欢乐更深刻的东西。有一些人反复寻求真诚共同体的短暂体验，好像将它当作是某种"补救"。在此我并不想谴责什么，我们都需要在枯燥的生活中"修复"喜悦。但反复吸引我进入真诚共同体的并不只是喜悦。当我和一群人坚守在一起，共同体验着痛苦与欢乐的时候，我隐隐感受到，我正置身于一种前所未有的现象之中，只有一个词可以用来形容它。每次用到它时我都会斟酌再三，这个词就是——荣耀。

就像个人害怕面对真相，拒绝袒露内心一样，群体也会极力逃避问题，隐藏自己的缺陷，不愿意接纳彼此。

第 6 章

The Different Drum

建立真诚关系比治疗更重要

敞开心扉永远是一场冒险，但也只有通过冒险我们才能接纳彼此的脆弱和残缺，建立起真实且真诚的关系，获得心理治愈。不过，由于这一过程是未知的，结果也不确定，这不免会令人感到恐惧。即使作为一个经验丰富的领导者，每次敞开心灵与别人建立真诚关系时，我也会像其他参与者一样感到焦虑、担心和害怕。

在第二次世界大战期间，英国精神病学家威尔弗雷德·比昂通过对部队病患的群体治疗，发展出了对群体行为非常全面的解读。他的工作推进了英国在塔维斯托克研究所的发展，在那里，许多小组领导人接受了培训。因此比昂的理论有时被称为"塔维斯托克模型"。

比昂认为，无论是治疗小组，还是其他一个团体，每个群体都有一项任务——建立真诚的关系。例如，虽然一个治疗小组的所有成员可能都非常清楚自己渴望被治愈，但他们可能完全没有意识到这样一个事实，即他们的任务是共同创建一个安全和接纳的氛围，使人们得以在其中自然而然地被治愈。

所以，建立真诚关系比治疗更重要。

但是，就像个人害怕面对真相，拒绝袒露内心一样，群体也会极力逃避问题，隐藏自己的缺陷，不愿意接纳彼此。一个群体常常会通过四种方法来逃避问题，分别是"回避"、"对抗"、"配对"和"依赖"。比昂进一步指出，一旦群体意识到了自己所采取的特定的逃避方法后，很可能立即切换到另一种。只有群体不再逃避问题，付出爱与承诺，牺牲与超越时，才能建立起真诚的关系。

逃避真诚的四种方法

回避

人们常常会有这样的倾向,把自己的阴暗面隐藏起来,在人群中尽量展示出光明的一面。阴暗面既复杂,又令人不舒服,解决它们并不是一件轻松的事情,所以,与其将这些阴暗面暴露出来,不如掩盖起来,似乎只有这样,彼此才能其乐融融,相安无事。

麦克·贝吉里小组试图将我作为替罪羊的故事,就是在回避问题。当我告诉大家我感到很抑郁时,虽然每个人都有些郁闷,但是他们却不愿意承认,不想让这个问题给他们带来烦恼和痛苦。为了回避这个问题,整个群体非常乐意给我贴上病态的标签,并打算将我驱逐出群体。在这个群体中,我仿佛是不一样的鼓声,破坏了群体的团结和稳定。但是,如果我真的成了替罪羊,或者说这个群体不能倾听不一样的声音,那么群体成功回避问题之际,正是真诚关系失败之时。

寻找替罪羊,是回避问题最常见的手段,对真诚关系的建立具有根本性的破坏力。

在由我所命名的"伪共同体"中，寻找替罪羊的事情经常发生。那些不一样的声音要么被屏蔽，要么被消灭，因为伪共同体的基本特征就是回避个体差异，消灭不同的声音。伪共同体乏味的礼节只是一个幌子，其根本目的是为了回避任何可能导致健康或不健康的冲突。

另一种频繁地回避问题的情况，发生在混沌时期，当群体试图回避混沌和冲突，但又拒绝进入空灵阶段时，他们就会转而逃逸到等级分明的组织中。发生这种情况的一种常见方式是有成员提议将群体进一步拆分成更小的单位。比如，提出15个人左右是"理想的"最大群体规模，这个建议非常诱人。但根据我的经验，对完整群体的回避，就是回避真诚的关系。

回避在建立真诚关系时的另一种常见形式是忽视情绪上的痛苦。这种情况一再地发生，它们发生在伪共同体阶段的寒暄中，发生在混沌阶段的争吵中，或发生在空灵阶段死亡的阵痛中。

一次，在建立真诚关系时，有一位小组成员，名叫玛丽，她谈到一些非常个人化、却令她十分痛苦的事情。泪水充盈着她的眼眶。"我知道我不应该哭，"她说，"但是刚才的谈论让我想起了我的父亲，他是个酒鬼，小时候我觉得他是唯一真正关心我的人。他喜欢和我一起玩，时刻准备着让我坐在他的膝盖上。在我31岁的时候他死于肝硬化，是他毫无节制地饮酒的后果。我为他的死而愤怒，我觉得是他抛弃了我，我觉得如果他真的爱我就不会那样喝酒。现在我终于和他的死亡和解了，我当时并不理解不得不和我的母亲生活在一起让他多么痛苦。我想也许他需要按照自己的方式去做，但是我一直没能原谅我自己。"玛丽大哭起来。"要知道，"她接着说，"直到他去世之前，我都没来得及告诉过他我是多么爱他，我太生他的气了，我从没来得及感谢他。而现在已经太迟了，一切都太迟了。"

然而仅仅五秒钟之后，拉里不耐烦地说："我实在想不通，我们怎么可能在甚至没有对'共同体'进行确切定义的情况下建立起真诚关系。"

"我们那里就有一个真诚共同体，"玛丽莲兴奋地说，"每个月的最后一个星期四，我们二十几个人会聚在一起吃晚饭。"

"我们以前在部队里也这样。"维吉尼亚补充道，"我们营房区的一些人，每个月都会做几道来自不同国家的菜。某个月是墨西哥菜，另一个月是中国菜，有一次甚至是俄国菜，但我实在不怎么喜欢罗宋汤。"

幸运的情况下，某位成员会意识到发生了什么。"嘿，伙计们，"马克也许会说，"玛丽正在哭呢，我们却装作什么事都没发生一样，她刚把内心的痛苦倾诉了出来，你们却在讨论什么晚餐，我真不敢想象她现在的感受。"

如果这样的情况没有出现，领导者可能会觉得有必要介入。"这个群体显然没有学会聆听其成员的痛苦，"我可能会说，"团体选择忽视玛丽，而不是分担她的痛苦，但真诚关系的大门打开之时，他们却在谈论着它的学术定义。"通常，这种干预需要不断重复。"你一直在问'空灵'的含义，"我或许会说，"其中一个意思就是保持长时间的沉默，以便腾出足够长的时间来消化其他人刚才所说的话。每当有人说些痛苦的事情时，群体就会顾左右而言他。这就是在回避。"

回避行为也可以发生在真诚关系建立之后。也许我见过的最戏剧性的案例发生在国家培训实验室的敏感小组中，也正是在那一次活动中，我第一次在公共场合落泪。在林迪的卓越领导下，我们16个人迅速建立起了真诚的关系。在接下来的十天里，我们经历了巨大的爱与欢乐，一起学习，共同治愈。但最后一天却十分无聊。我们坐在平常坐的垫子上，说着些无关痛痒的话题。就在结束前半个小时，我们中的一个人似乎是不经意地评论道："我们最后的一次小组会议竟然是这样，感觉挺奇怪的。"然而为时已晚。我们已没有时间来讨论更重要的问题，也没有时间来为我们当前所置身的真诚关系即将消失而适宜地表达出悲伤。

回想起来，这是一个异乎寻常的现象。在将近两周的时间里，我们16个人不仅共同拥有了一段最鲜活，甚至可以说是改变人生的经历，而且深深地爱护和关照着彼此。然而在这最后一天，我们却装作无动于衷。我们彻底回避了我们作为一个群体即将面临消亡的问题。我们完全回避了这种死亡。我们作为一个真诚共同体的成功，促使我们假装这并不是我们的终点，我们不自觉地试图回避将要面对的现实。最后一天，我们应该将回避这个问题设定为我们经历的主题。直到今天我仍然不确定，林迪默许了我们的回避行为是由于他自己也对即将到来的分别而痛苦不堪，还是有意识地给我们一个回避的最终经验。无论哪种情况，我们都乐于接受。

对抗

这是"混沌"阶段中占主导地位的逃避方式。一旦从伪共同体阶段走出来，群体通常会表现得像是业余心理治疗师和布道者的集合体一样，每个人都试图相互治愈和转化，这显然是行不通的。而且看起来越无效，成员们越加倍地努力使其奏效。试图治愈和转化的过程瞬间就成了对抗的过程。虽然作为个体成员，他们并不认为自己是在相互对抗，只是想帮忙，但事实上，整个群体都在争吵，处于非常愤怒和混沌的状态。

这里就需要凸显真诚关系引领者的作用了，在这一时刻，引领者不仅要向群体揭露对抗行为其实是一种逃避，而且要指明解决方案的道路。"我们原来的目的是建立真诚关系，"我或许会这样说，"但是我们似乎一直在对抗，我想知道这是为什么。"这种干预不宜过早，如果过早干预，群体很可能会在第一时间通过回避冲突退回到伪共同体阶段，而不去问一问自己为什么要对抗。但如果在混沌中度过了足够长的时间，那么它就更有可能会自问："我们究竟哪里做错了？"一旦这个问题被严肃地提出，群体偶尔可以自行找到答案。通常情况下，他们需要一点点，但也仅仅是一点点帮助。所以当他们的自我分析正在起作用的时候，我会接着说："当我安静下来倾听所有的争吵时，我发现你们都在试图相互治愈或转化，好像你们的目标就是为了治愈和转化一样，但如果你们能自我审视一下这些表现之下的真实的行为动机，或许会更有帮助。"

在这种情况下，仅需通过一到两个小时，整个团队就可以了解专业心理治疗师通常需要花费几年时间才能明白的事：我们无法直接对他人进行治愈和转化。我们所能做的是在尽可能深的层面上审视自己的动机。我们越是这样做，越能将自己从修正别人的欲望中摆脱出来，越是能够，并且乐意，甚至是迫切地希望别人能够自由地做他们自己，从而营造出一个充满尊重和安全感的氛围。在这样的氛围中，真诚关系的本质——治愈和转化，将在无人推进的情况下自然而然地发生。

对抗也会发生在实现了真诚关系的群体中。有很多时候，他们的确必须为了解决重大问题而共同抗争。正是由于这个原因，我将群体在对抗行为中越陷越深的阶段称为"混沌"。"混沌"往往意味着无果而终的冲突和毫无创造性的对抗。它围绕着转化或治愈的企图展开，而不是尝试着接纳个体差异。相反，在真诚关系中的抗争，涉及创造性的清空的过程，以求最终达成真正的共识。

配对

真诚关系的发展可能会产生对整个团体来说并不友好的结果。在这方面，配对可以算是一个常见的陷阱，我们绝对不应该忽略。两个或两个以上成员之间有意识或无意识的联盟极有可能干扰一个群体的成熟发展。

一对或多对夫妇，两个或一群好友几乎总是一起参加建立真诚关系的小组。通常，尤其是在混沌时期，这样的配对组合会开始窃窃私语。一旦群体忽略了这种行为,我就必须提出:"大家对简和贝蒂在说什么难道不感到好奇吗?大家难道没有被排除在外的感觉吗?简和贝蒂的表现就好像我们其他人不存在似的。"

在建立真诚关系的经历中,通常会有成员发展出浪漫的关系。的确,有些人本来就是抱着寻找浪漫的愿望来参加讲习班的。并非一定要对这样的行为进行阻止。但是,如果这种关系开始影响整个群体的完整性,就必须加以限制。"约翰和玛丽,"我会这样说,"我们为你们之间形成的浓厚感情而高兴,但是在整个群体看来,你们完全沉浸在二人世界里,完全忽视了其他人,由于休息期间你们有充分的时间在一起,不知你们是否可以考虑当有我们在场的时候可以分开坐?"

当旨在让之前意见不一致的群体建立起真诚关系时,配对问题尤其严重。例如,我和我的同事曾多次被要求将学生和教职员工,教职员工和行政管理人员,行政人员和家长,或其他类似的组合"联系在一起"。通常来说,一开始这些小团体会自发地和自己人坐在一起,形成一个阵营,一般情况下没有必要引导他们重新就座。但是,十分有必要指出他们在何时是如何将对方排斥在外的。事实上,在建立真诚关系中看到敌对阵营握手言和,学生和教职员工坐在一起,行政管理人员和学生打成一片,年轻人和老人们相谈甚欢,是一件真正快乐的事。

配对在长期真诚关系中同样具有破坏性。例如,两位初来乍到的修女苏珊和克拉丽莎可能会建立起牢固的友谊。她们花费所有的闲暇时光在一起,认为彼此之间的陪伴比和其他修女们相处更愉快。但不久之后，坏事就发生了。其他修女们开始对她们感到厌恶，两人发现自己被排除在所有重要的决定之外。最终，在一番苦闷的纠结之后，苏珊向大修女抱怨她和克拉丽莎被群体排斥在外。"也许事实正好相反，"大修女会告诉她，"你和克拉丽莎的友谊如此深厚，你们似乎只关心对方。也许正是因为你们把注意力过分集中在彼此的友谊上，你们将其他的修女们排斥在外了。你们将本应该平等给予她们的关注和能量剥夺了，至少她们是这么对我说的。尽管友谊可以是很美好的事物，但是过去我们总是会对信众说，过度亲密的友谊是被禁止的。现在通常情况下，我们更希望你们能自己发现它的危险性。这并不容易，苏珊，但是我建议你和克拉丽莎都问一问自己，在你们沉溺于彼此间的友谊时，你们是否还记得维护群体的完整性，是否还记得来此最深层的目的。"

依赖

在所有逃避中，依赖行为对真诚关系的发展是最具破坏性的。对于建立真诚关系的领导者来说，这也是最难，甚至可以说是极难战胜的。

我和我的同事必须从建立真诚关系的那一刻开始，就参与到这场战斗之中。在事先提供的书面材料中我们就已敬告所有参与者，这种体验将是参与性、体验性的，而不是教导性的。在讲习班开始时，我们也会再次提醒他们："如果成员完全依靠领导者来布置任务或担负责任，真诚关系是不可能存在的，为了实现我们共同事业的成功,每个人都肩负着同等重要的责任。"

但一开始,群体并不能接受缺乏领导的情况。虽然这种领导并不能帮助他们成长,甚至会对其产生阻碍,人们仍愿意仰仗领导者的指挥。比起自己做决策,他们更希望领导者直接告诉他们应该怎么做。与预设的目标相反,小组迅速通过依赖行为坠入逃避模式中。他们总是会误解和憎恨小组的领导人,认为领导人不够强权,缺少作为。事实上,依赖者对于权威人士或父亲形象的渴望如此剧烈,以至于他们会对拒绝满足他们要求的领导者进行污蔑和诽谤。

不过,要建立真诚的关系,就必须让每个人都明白,一定要抛弃依赖心理,自己拯救自己。所以,对于领导者来说,最明智的做法,就是不作为,无为而治,即使是身负骂名,被指责。要知道,这些指责有时是温和的,有时几乎是杀气腾腾的。矛盾的是,在这些情况下,强有力的领导者恰恰是那些甘愿冒险,甚至是乐于被指责为领导不力的人。

当群体对"空灵"感到迷惑,辗转于混沌之中,并将自身的处境完全归咎于领导者时,我们会讲述下面这个故事——

> "一个拉比迷失在森林中,三个月里,他不断地寻找,却始终找不到出路。终于有一天,他在搜索中偶遇一个也在森林里迷了路的团体,而且他们刚好来自他曾经所在的犹太会堂。他们兴奋地高喊:'老师,能找到您实在是太棒了!现在您可以

将我们带出森林了。'我很抱歉,我也没有办法。'拉比回答道,'因为我和你们一样迷茫,我能做的只是,因为我迷路的时间更久,我可以告诉你们一千条走不通的道路。在这样微薄的帮助下,如果我们相互合作,或许能够一起找到出路。'"

这其中的寓意很明显,然而令人惊奇的是这个故事对某些群体来说几乎没有任何帮助。更有甚者,群体可能会将它列为一条新的罪状:"不光没有领导能力,"他们会告诉他们的领导者,"你还尽讲些蠢故事。"

不过,对领导者来说最难熬的部分不是别人的误解和责难,而是抵御权力对自己的诱惑。所谓权力,就是一种能够影响他人的能力,在大部分人眼中,权力都充满了诱人的力量,迫切需要拥有,并尽情使用。拒绝群体赋予我们的权力,或者拥有权力却不使用权力,的确不是一件容易的事情。但是,我们必须如此,必须不断地清空自己的控制欲,才能引导人们建立起真诚的关系。每当我放弃领导之后,每当我断定这必将是一次失败的努力的时候,群体反倒更有可能建立起真诚的关系。我不认为这纯属偶然,真诚关系的建立要求那些习惯于领导的人们真正愿意进入一种无可奈何的状态。它要求我清空自己讲话的需要,每时每刻向他人提供帮助的需要,成为精神领袖的需要,看起来像个英雄的需要,给出快速而简洁的答案的需要,阐述我所珍视的观念的需求。只有领导者能够以身作则,群体中的成员才能学会如何进入空灵。

我曾经帮助过的一位非常成功的心理医生对这一困难进行过很好的描述。在领导建立真诚关系的工作结束之后，他写道："我记得你告诉过我们，这些事情只有在你断定自己已经失败之后才会成功。星期六晚上我打电话给我的妻子，告诉她我感觉自己无法胜任这份工作。我把车移到停车场的出口处，以便可以第一个离开。可我仍然坚持了下来，作为最重要的领导者，我怎么可以离开。整晚我都在想，这其中一定有什么技巧我还没有参透。黎明之后，我终于意识到我对很多东西一无所知，对牺牲一无所知，对如何扼杀自我同样一无所知。在那一刻，我决定牺牲自我。早餐之后，我们便成了真诚共同体。"

有这样一个古老的法则：你越是投入到某些事情上，越是无法实现它。

比起其他参与者，小组的指定负责人的牺牲可能会更大，但他的收获也许会更多。我的朋友在信中进行了如下总结："我回去之后，人们都说我更成熟，也更温和了。我感觉出奇的好。我大概是疯了，然而，是的，我愿意再次这样做。"

干预的时机

由于一个群体不仅仅是其各个部分的总和，它本身也是一个活的有机体，领导者们应该把重点放在维持群体的完整性上。通常情况下，他们不必关注个别成员的问题或个性。事实上过分关注可能会干扰真诚关系的发展。因此常规的原则是，领导者应该把干预限制在对群体行为而非个人行为的解释上。而所有这些干预的目的并不是告诉群体该做什么或不该做什么，而是唤醒它对自身行为的认识。

群体干预行为的典型案例是这样的，领导者通常会说："这个群体的表现就好像所有人都有同一种信仰似的。"或者"所有这些混沌似乎都围绕着试图改变彼此而展开。"或者"在我看来，年轻人和年长者正在分化为不同的派系。"或者"每当有人说起痛苦的事情，群体就会改变话题，好像我们并不想听到别人的倾诉似的。"又或者"我想知道，在我们能够成为一个真诚共同体之前，大家是否真的不需要摆脱自己对我不够强势的领导力的怨恨？"

这种领导方式的一个显著作用就是引导其他成员也学会从整

体上考虑群体事务。一开始,成员们几乎没有任何群体意识,但是当他们成为真诚共同体的时候,大部分的参与者已经学会了将整个群体看作一个整体。事实上,他们也将开始自发地进行有效的群体干预行为。

建立真诚关系应该遵循的另一个规则是,指定的领导者只有在其他成员还不具备足够能力的时候做出一些适当的干预。否则,这个群体就不可能成为一个真诚共同体——所有人都是领导者的群体。一个完全发达的真诚共同体,即使没有某一个指定的领导者,也能很好地解决自己的问题。然而,这就要求指定的领导者必须有足够的耐心等待,看看其他成员是否能够识别出本身已经清晰可见的问题。这种必要的等待通常会被看作是领导不力,只有在指定的领导者愿意摆脱自己的控制欲时才能实现。对于建立真诚关系的领导者来说,一个令人痛苦的任务是,在得出团队还没有能力自己处理问题的结论之前,必须一刻不停地判断还需要等待多久。

一般规则也会有例外。某些情况下,指定的领导者有必要专注于某个成员的行为。但是,这样做并不是为了个人的需要,而是为了整个群体,也就是说,当个人的行为明显干扰了团队的发展,而整个群体似乎还没有解决这一问题的能力时。在此我将以两个案例来说明有必要对个体行为进行强制干预的情况。

由于我的失误,某个讲习班的宣传册没有明确说明其主要目的是建立真诚的关系。不过在讲习班刚开始我就向所有成员解释这是我的愿望,成员们对这一愿景似乎也很热心。但其中有一位聪明的中年人，名叫马歇尔，却一直试图让小组讨论抽象的神学。当小组拒绝了他的时候，他抱怨说宣传册并没有说小组的目的是要建立真诚关系，而他来此的目的是想更多地了解我独特的神学理论。马歇尔坚持要进行理论研讨，我说："马歇尔，你说得很对，我在宣传手册里没有说清楚，这是我的疏忽，我应该表述得更明确一些。我明白你的感受，请接受我的道歉，我对误导了你深感歉意。"

在紧接着的休息时间，马歇尔来向我打招呼："这个周末令我很难过，我感到浪费了自己的时间和金钱，如果我知道这将是个建立真诚关系的活动，我就不会来了。"

"马歇尔，我不知道除了再次向你道歉还能做些什么，"我说，"我不打算把它变成一场神学讨论，因为这不是整个群体的愿望。我希望你能够做出调整，但正如我之前所说的，我确实犯了错误，我真的很抱歉，因为我让你失望了。"

当小组再次召集时，马歇尔闷闷不乐地沉默了一个小时。群体忽略了他。他正在成为这个群体的弃儿。我不知道该怎么做。我对事情发展的态势有些担忧，可我依然在等待。就在午餐之前，马歇尔又重新开始进行了几次深奥的神学方面的陈述。小组直言不讳地批评了他，但午饭前没有足够的时间来处理这个问题。午餐后，我们将继续进行后面的内容。我觉得马歇尔是个自尊心很强的人，如果我在全体成员面前指责他，对他来说将会是极大的羞辱。然而，如果不这么做，马歇尔和小组成员的愤恨似乎也会严重破坏真诚关系的建立。解散之后，我问马歇尔是否愿意和我共进午餐。

我没有浪费任何时间说客套话。"我们遇到了真正的麻烦，马歇尔，"一落座我便对他说，"我今天早上因为宣传册的事已经当着小组成员的面向你道歉，但早上休息期间，你再次因为这件事指责了我，显然你没有接受我的道歉，所以我第二次向你道歉，但是你仍然在试图把这个小组向神学讨论的方向上引导，很明显你还没有在这件事情上原谅我，我还需要道多少次歉，马歇尔？虽然这本小册子完全没有提到这是一次建立真诚关系的体验，但是它明确表示了你将从中体验到爱、纪律和牺牲。我相信你也同意，宽恕在神学中是一个核心问题，现在你可以选择在这个周末有一次宽恕我的经历，或者是一次拒绝宽恕的经历，选择哪一个完全取决于你。而且你也知道，我们已经讨论了很多关于空灵的话题，这与牺牲有着密切的关系。你能够原谅我的唯一方式，就是摆脱你的预期，牺牲掉你的先入之见和欲望。我需要再次重申，神学与牺牲精神紧密相连，同时，是否做出牺牲完全由你自己决定。体验式的学习是艰难的。事实上对于你来说，这个讲习班中的经历将取决于你对神学的真实信仰。"

这次交谈奏效了。马歇尔开始转变，他没有再试图进行更多的理论探讨。下午休息期间，其中一位对马歇尔的书呆子气颇有怨言的男性成员正在与其他几个男人相互拥抱。马歇尔问他："你不打算拥抱一下我吗？"那个人果然拥抱了他，不少人因此热泪盈眶。在接下来的最后一个阶段，马歇尔坦诚这是他第一次与另一个男人拥抱，大家再一次被感动了。那一天，马歇尔在神学方面受益匪浅。

另一次，在一个治疗小组正处于常规的混沌阶段的时候，我意识到其中的一位成员是个潜在的问题，这个人叫阿尔奇，他以充沛的激情和雄辩的口才进行了三次演讲。问题是，我不明白他在说什么。我知道其他小组成员也无法理解他，但是出于好意没有告诉他这一真相。在下午结束的时候，我要求仍然在混沌的泥淖中挣扎的成员们晚上回去反思一下问题究竟出在哪里。我整晚都在想着阿尔奇的问题，他的表意不清太容易误导大家了。我知道，如果我们要成功地建立真诚关系，阿尔奇很可能会摧毁它，除非我进行某种干预。我希望这不会发生，尽管我认为发生的可能性很大，我也不确定应该怎么做，以及干预之后会发生什么。

第二天早上我们重聚之后，阿尔奇又开始了他颇有诗意并且慷慨激昂的演讲。一位女士说："我完全明白你的感受，阿尔奇。我丈夫死的时候我就是这样的感觉，那一瞬间我真的很愤怒。"

"但这不是阿尔奇想表达的意思，"另一位成员抗议，"他是在说他有多悲伤。"

接着，阿尔奇又发表了一篇诗意的演讲。有人评论说："也许阿尔奇既悲伤又愤怒。"

"我听到的是愤怒。"另一个说。

"不，分明是悲伤。"第五个人大声说道。

"我感觉都不是。"第六个人斥责道。

小组再一次陷入了混沌。

我觉得必须进行干预了，尽管不知道干预会产生怎样的后果,心已经提到了嗓子眼,但我还是说出了下面这些话:"大家陷入了困惑之中,这是有原因的,阿尔奇,我对你的看法十分复杂,一方面,我喜欢你,我觉得你具有一个诗人的灵魂,我对你的激情有共鸣,我认为你是一个善良而有深度的人,但是你缺乏语言组织能力。因为某些原因,我不知道为什么,你从来没有学过把你的激情,你来自灵魂的诗歌翻译成别人能够理解的词汇。因此,当人们敞开自我尝试着去理解你说的话时,他们会感到困惑,就像现在整个小组都陷入了困惑一样。我认为你可以学会在交谈上更加自律,更好地组织语言,我真心希望你能做到,因为我相信你有非常卓越的见解可以表达。但是习得这种能力需要花费相当长的时间,我认为在这一天仅剩的时间内,你很难掌握它。"

接下来,是一段令人恐惧的沉寂。我,以及其他所有人都在等待着阿尔奇的回应。

"谢谢你,"他回答,"很少有人了解我身上存在的问题,斯科蒂,你是其中之一。"

在接下来的时间中,阿尔奇什么也没说。但是在他沉默的过程中,整个团体都能感受到他的爱,我也能感受到他正沐浴在其他成员对他的爱中。

我不知道阿尔奇最终是否成功地将他的灵魂之诗转化为别人可以理解的文字,但这个故事有个后续。一年半后,我在同一个赞助商的支持下,在同一个城市举办了一个类似的活动,阿尔奇打电话给赞助商。"我想再次参加,"他告诉她,"但我没有钱。

你能不能告诉斯科蒂，如果他需要一名保镖，我随叫随到。"

这些干预是成功的，无论是对团体，还是对个人来说。而其主要原因是马歇尔和阿尔奇自身所具备的，放弃固有行为模式的变革能力。但如果他们拒绝做出这些牺牲将会发生什么？根据我的经验，群体几乎可以处理各种类型的个人精神疾病，有时候"病情最严重的"成员反倒是对建立真诚关系贡献最大的人。然而，有一种人，不仅不愿意服从于群体的需要，而且似乎有意识或无意识地试图摧毁这种真诚的关系。这就是我曾斗胆将其称为"邪恶"的那一类人。

这样的人通常不愿意参加建立真诚关系的活动，所以，在我举办的一百多场活动中，共计有五千多人参与，我只遇到过两个这样的人。其中一个人成功地摧毁了团体，另一个人则被团体驱逐了出去，这是一个异常艰难的抉择，因为根据定义，真诚关系是极具包容性的。然而，如果团体本身的存在受到了威胁，就必须做出这样的决定。

处理破坏分子的任务不应该仅仅由指定的领导者来执行。邪恶的人具有超强的破坏力，即使个人能力很强的人都很难与之抗衡。早期我曾见过一个恶人成功地破坏了团体。作为指定的领导者，我曾认为我有责任为了拯救这个团体而单独与她作战，问题在于她很聪明地联合了足够多的盟友一齐反对我，成功地分化了群体，并保持了这种状态。

因此，破坏分子的问题应由整个群体共同解决。这也是发生在另一个讲习班中的情况，恶人最终在大家的一致要求下被迫离开。这一次我坚持他的问题是整个群体的问题，必须由大家共同解决，尽管成员们都对将他驱逐而深感内疚，但这一决定最终促成了这个群体建立起真诚的关系。

在对破坏分子进行驱逐的时候应该考虑给予对方改过自新的机会。上文提到的小组要求该名男子离开半天，但之后可以选择回来再试试，尽管他最终并没有回来。我曾经担任一个实验性团体的顾问，因为有个邪恶的女人加入其中，造成了许多问题。成员们在忍无可忍之下向她下达了最后通牒，由于她破坏性太强，将不能继续住在那栋房子里。不过，他们也告诉她，社交活动仍然欢迎她参与，并且如果她能真正改变自己，他们仍欢迎她重新回来住。她同样没有选择回归群体。虽然两个成员都没有选择回到群体之中，但至少没有被完全放逐。无论如何，这种半放逐的性质适当地减轻了团体内其他成员的负罪感。

尽管驱逐恶人是必须的，不必有负罪感，但任何真诚共同体仍然会不可避免地产生内疚，哪怕并不是彻底驱逐。毕竟驱逐违背了真诚共同体的首要原则：包容性。更糟糕的是，当被驱逐之后，这个恶人很可能会去破坏另一个团体，从而使其同样陷入困境。

驱逐并不能从本质上解决问题。无论维系自身存在有多么重要，真正的真诚共同体总是会意识到，一旦将任何人排除在外，它从某个很重要的意义上来说就已经失败了。如果没有这种失败感和与之相伴的愧疚感，团体也就不能建立起真诚的关系，它将会退化为以一种排他性的形式存在。如果它不再因为将某个成员排除在外而感到痛苦，它将会越来越容易往寻找替罪羊的方向发展。它本身也将无法免于邪恶。

真诚的关系，意味着在恶人的问题上不断地感受到痛苦和压力。

另一方面，尽管恶人的问题十分令人烦恼，但从统计学上看是十分罕见的。根据我的经验，大约5000人中只有两人不能成功地融入真诚的人与人的关系中。

非语言行为与语言一样重要

一个群体能否建立起真诚关系，与其规模似乎并没有直接的联系。我曾带领过几个由三四百人组成的群体建立起真诚的关系。这样的规模要求有一个大型的静修场地，一个会议协调员，20名训练有素的小组组长以及五天的时间。不过，在一般的群体中参与人数通常介于25至65之间，这样的限制仅仅是因为想要形成一个相对紧密，成员间可以充分互动的圈子，需要设置一个人数上限。

对于个体心理治疗和团体治疗有所了解的人来说，这个规模可能是惊人的。有一个流行的专业假说，即"理想的群体规模"在8到15个人之间，任何超过20人的群体都将变得难以管理和控制。我也曾笃信这一假说，直到1981年在华盛顿特区的那一天，由60名参与者组成的团体突然建立起了真诚的关系。

根据我的经验，使大规模群体建立起真诚关系的一个主要因素是：我不要求每个参与者都必须发言。对于典型的精神治疗小组组长或敏感小组组长而言，一言不发的成员是非常不受欢迎的。但是，非语言行为的力量给我留下了深刻的印象。专业的心理咨询师在演讲中都有过这样的体会，在很多观众中，会有某个人因其面部表情或简单的姿势在人群中格外醒目，他或她的鼓励会给演讲者带来更多的勇气、自信和力量。相反地，在观众中也可能会有人通过不断地皱眉或怒目而视来打击演讲者的自信，并使他们一蹶不振。同样，在建立真诚关系的小组中，一言不发的成员为群体所做出的贡献可能与侃侃而谈者一样多。

判断一个沉默的成员是否真正全情投入并不需要采取专业的手段，通过一段时间，你完全可以从他或她的面部表情或姿态上观察出来。如果有这样一个人——假设是一个年轻女孩，我们称她为玛丽，在离其他组员很远的地方坐着，以空洞、无聊或者抑郁的表情凝视着窗外长达两个小时，我很可能会说："这个小组似乎忽略了这个事实，玛丽看起来心不在焉。"但只要成员在情绪上表现得"投入"，我并不会强制他们说话。

非语言行为不仅以强有力的方式为真诚关系做出贡献，而且也会得到相应的回报。例如，玛格丽特在26岁时由于过度害羞接受了我的精神治疗，通过一年半的治疗她取得了一些进步。当时我正计划在附近举办一个小型的真诚关系讲习班，我建议她参加，她也勉强同意了。然而令我郁闷的是，在讲习班举办期间，玛格丽特整整两天没有说过一句话，似乎对她而言，这次尝试已经失败了。

五天之后，玛格丽特容光焕发地来参加个人治疗，并告诉我这是她人生中迄今为止最愉快的经历。她说："我以前也曾有过这种感觉，但这次不一样。之前这种感觉稍纵即逝，也许在某个时刻闪现，下一次出现却要等到一个月之后。过去的这个周末我一直以为这种愉悦感也会很快消失，但它一直在那里，久久不散。"

快与慢并不是关键

根据我的经验，30到60个人组成的群体若想建立真诚关系，两天的时间较为合适。当然，也有可能更快地做到这一点。如果群体从一开始就被指导避免泛泛而谈，敞开心扉，展现出自己的脆弱，不要试图彼此治愈和转化，清空那些固有的想法，全心全意地倾听，像拥抱快乐一样接纳痛苦，真诚关系通常可以在几小时内就建立起来。但是这就像乘着直升机直达山顶一样。与跋涉过沼泽，攀爬过巨石最终抵达山巅相比，人们很难感受到光辉的荣耀。

确实存在这样一种奇怪的反转。在为期两天的讲习班中，有些小组在第一天的午后就建立起了真诚关系，有些则需要一天的时间。而另一些坚持采用老掉牙的传统方式沟通的人，也许直到最后的两个小时才能实现，然而这些在最后关头才建立起真诚关系的人们通常表现得十分满意。他们往往会说"这是我一生中最宝贵的经验"。设想一下，他们在几十个小时的艰苦工作后只收获了短短两个小时的愉快体验，这似乎有些不可思议。然而换一个角度思考，这就像登山，在历经艰辛终于登顶的时候，谁会后悔为这一刻所付出的呢？

承诺，我们没有逃跑路线

为将要做出的承诺做好准备，这在建立真诚关系的过程中至关重要。每个人都要做出承诺，对群体的成败负责，我们没有逃跑路线。如果对群体中的某个人，或者某件事情不满，请不要回避，务必表达出自己的不满情绪，而不是草草收拾行李，然后悄无声息地离开。毫无疑问，我们将会共同经历怀疑、焦虑、愤怒、抑郁，甚至绝望的时期，接受这一切，共渡难关。

平均有 3% 的参与者违背了这一承诺。在混沌或空灵的困难时期，大约有一半的人会这样做。以一个老练而成功的中年心理学家为例，他在一个由 59 个人组成的讲习班进行到三分之一的时候宣布："我曾承诺会留在这里，但我不得不食言，今晚这个阶段结束后我就会离开，明天早上也不会回来了。"

我们其他人立即担心起来。"为什么？"我们惊讶地失声叫道。

"因为这一切实在太蠢了，"他回答，"我有 20 年的领导经验，指望一个超过 20 个人的群体建立起真诚关系简直是无稽之谈，更不要说是在短短两天内，我才不会坐以待毙，为一个必将到来的失败负责。"

其中一位不那么"老练"的参与者尖锐地评论说："如果你现在退出，而我们成功地成为一个真诚共同体，你就永远不会知道自己错了。"

"我不会错，"心理学家回答，"我知道我在说什么，我是这方面的专家，你想达成的是一个不可能实现的目标。"

所以他当天晚上离开了。而就在第二天早上，我们剩下的 58 个人建立起了真诚共同体。

真诚关系的纽带：沉默、故事和梦境

多年来，领导者们已经开发出各式各样的练习，以帮助群体提高信任度、敏感度、亲密度和沟通技巧。我并不想谴责他们，但就建立真诚关系的本质而言，我认为在没有"技巧"的情况下，达成真诚关系的体验将更为强有力。尽管如此，的确有一些可以归类为"练习"的东西，通常可以促进这个过程。

沉默

沉默对进入空灵有极好的促进作用。在一个典型的讲习班中，短暂休息之后，我们会用三分钟的沉默作为新一阶段的开始。我通常会要求小组成员在这段时间内反思他们每个人最需要自我排解的东西。而每当我发现整个小组在面对空灵问题一筹莫展的时候，我都会额外再增加一段沉默的时间来帮助解决这一问题。

一个曾处于混沌阵痛中的群体，陷入了对一个名叫拉里的年轻人的过分关注中，因为某些原因，他被视为一个潜在的威胁。"我认为这种持续的关注很有问题，"我插嘴道，"我们实际在把彼此之间的猜忌转嫁到拉里身上,他说自己来这里的动机很复杂,但似乎没有一个人往好的方面去猜测。我不明白如果我们总是把别人往坏的方面想,怎么可能建立真诚关系。我不是在谈论完全的、盲目的信任,但绝对的信任和假设别人不可信之间有本质的区别。虽然距离上一次只过去了20分钟,但现在我希望我们能回归沉默。"

我们这样做了,群体走出沉默后,逐渐建立起了真诚关系。

故事

最好的学习方法是体验式的。这就是为什么最好让群体在建立真诚关系的道路上几经磨砺,而不是在开始时就给他们一张详细的路线图,告诉他们所有应该避免的陷阱,化险为夷,从而引导他们顺利渡过各个阶段。而另一个最好的方式是通过故事,在带领群体通往真诚共同体时,故事的意义或许非常有用。

《拉比的礼物》就是一个非常有用的故事,正因为如此,我将它作为本书的序言。它适用于很多场景。比如让群体远离恶性对抗。在这里我以辛西娅和罗杰之间的互动举例。辛西娅是一位中年慢性精神分裂症患者,她很早就开始在小组中以一种漫无目的、毫无连贯性又无休无止的方式谈论自己。当我不禁疯狂揣测自己将会以何种举动来阻止她的喋喋不休时,罗杰,这位优秀但性格张扬的精神治疗师,同时也是敏感小组的元老级人物突然开口了,"辛西娅,"他说,"你让我感到厌倦。"

辛西娅瞬间错愕了。在片刻不知所措的沉默之后,我开口道:"我也不太能理解辛西娅想要告诉我们的东西,所以罗杰,其他人或许和你一样感到厌倦,但是我希望你能记住,辛西娅可能就是上天选中的人——弥赛亚。"

罗杰顿时羞愧难当,出于自身的爱和谦逊,他很快就做出了弥补。"我想向你道歉,辛西娅,"他说,"我感到厌倦,但这并不意味着我应该对你出言不逊,对不起,我希望你能原谅我。"

而辛西娅突然变得兴高采烈,也许之前从没有人向她请求过宽恕。她说:"我确实总是喋喋不休的,我的精神科医生告诉我,我需要在这方面自我克制一下。所以如果你善意地提醒我话太多,我是完全不会介意的。"

"来坐在我旁边吧,"罗杰说,"如果我发觉你又开始长篇大论了,我就把手放在你的膝盖上,你也会立即知道自己该停下来了。"

辛西娅像个初次约会的年轻女孩般磕磕绊绊地移到罗杰身边。在那之后,尽管她又多次唠唠叨叨,语无伦次,但每当罗杰触碰她的膝盖时,她都会高兴地停下说到一半的话。第二天,辛西娅未曾说过一句话。她只是安静地坐在罗杰旁边,十分满足地只是紧紧握着他的手。

虽然小组在开始的时候经常讨论《拉比的礼物》,但是也很容易在非常短的时间内忘记它。然而每当让他们回忆起这个故事所传达的恭敬和温柔时,仍然是一件轻而易举的事。直面现实是真诚关系的一个特征,而另一个特征是,在直面现实的时候,关注中的人会采用尽可能恭敬而温柔的方式。

梦境

梦也可以是非常优雅而有针对性的故事。通过梦境，人们可以在无意识中创造出满足当下需要的故事。梦是具有补偿性的，它们所反映的往往是我们最缺少的，最需要从无意识中重新寻觅出来的东西。在梦中，无意识会不停地产生具有教育意义的场景和形象。所以，在每天的小组工作结束之前，我都会建议成员们记住并复述夜里所做的那些特别生动的梦，无论它们表面上看起来多么毫无意义。而几乎每个小组中都会有一个或多个扮演"小组梦想家"角色的人。

曾经有一位老太太就是其中之一，她参与小组讨论的唯一方式，便是在每天早上讲述一个精妙的梦。这个小组在第一天的工作中遇到了建立真诚关系早期阶段的典型困难，成员们认为我缺乏领导力，同时也不愿意袒露自己的伤口。第二天早上，这位老太太第一个发言。"斯科蒂告诉我们应该留意我们做的梦，"她说道，"尽管我不认为它和这个群体有什么关系，但是如果你们愿意，我会将我昨晚的梦讲给你们听。"

大家通过充满期待的沉默暗示她继续。"好吧，"她说，"这可能和发生的一切都毫无关联，但是由于某种原因，我梦见自己和一个朋友在医院的急诊室里，似乎发生了一场可怕的事故或者别的什么，急诊室里充满了伤员。大家都焦急地等待着医生的到来，我们除了用清水替伤员洗涤伤口再用绷带包扎之外完全无能为力。终于在一名医护人员的陪同下，医生赶到了，可令我们大失所望的是,他完全帮不上忙。我的意思是,他看起来像是嗑了药还是别的什么似的,一直在发呆。"由于这与我的领导方式何其相似,群体中爆发出阵阵哄笑。"但是最奇怪的事情发生了,"她接着说,"我和我的朋友正站在一个重伤的患者身旁,那些伤口不久前刚刚裂开,医护人员在我们身边,他什么都没做,只是用关爱的眼光注视着患者,但是当我自己低头再看时却惊奇地发现,患者的所有伤口都已经愈合了。"

我们小组的梦想家已经为大家指明了方向。

我们基本的、核心的、至关重要的任务,是把我们从单纯的群居生物转变成真诚共同体生物。

第 7 章

The Different Drum

进化的途径

建立一种真实而真诚的人际关系，几乎贯穿了我的整个人生旅程。我深知，虽然人们沉浸其中的时间不是太长久，但这就像悟道，一旦有了这样的生命体验，那生动而真实的感受，就会永远铭刻心间，起到强大的治疗作用。这时，你看待自己、看待世界的方式会发生根本性的改变。但同时，我也知道，人类惰性的力量是强大的，它会反复地将你拉回到传统的行为方式或者老套的防御模式之中，让你的心灵再度变得僵化和封闭，重蹈覆辙。为了维系良好的状态，人必须在自我觉察和自我维护上持续付出努力。

每个有机体都在努力寻求生存，生命永远伴随着紧张感。在生理学水平上，这种持续寻求生存的状态被称为内稳定状态。每个生物，无论是猫还是人，在睡眠和清醒、休息和锻炼、消化和狩猎、饥饿和饱腹感等方面都存在对立关系。若想维持真诚的关系，就必须生活在不间断的努力之中。人类渴望真正的真诚共同体，并将努力维持它，因为它是最完整、最具活力的生活方式。作为实体中最活跃的一个，真诚共同体必须付出比其他组织更多的努力，才能在变化中求生存。

下面，我会描述两个长期真诚共同体的变迁："圣·阿罗伊修斯团体"和"地下室小组"。为了清晰、完整和保密，我将尽力展示它们构建真诚关系的过程。

真诚的关系，真心的欢笑

安东尼是个十分有远见的人，在心理学方面有很深的造诣，获得过博士学位。在很短的时间内，他曾带领人们进行了一系列团体精神治疗的早期实践工作。通过这些工作，他在一定程度上体验到了真诚共同体强大的治疗作用，并激发他进一步探索的念头。

作为一个具有超凡魅力的人，安东尼很快就获得了三名追随者。他们在伊利诺伊州东南部买下了一个小农场，建立了自己的真诚共同体。圣·阿罗伊修斯团体诞生了。最初安东尼的追随者们想推选他当领导。他毫不犹豫地拒绝了，并宣称在真诚共同体中每个人都是领导者。他说，任何权威架构都对真诚共同体具有破坏性。

安东尼曾明确向其他人表示过，真诚共同体必须具有包容性。因此，他们接纳了大量的流浪汉。经过与流浪汉相处，大多数人，甚至连安东尼自己都最终承认，包容性是有限度的，因为这些流浪汉不断向他们提出额外的要求。

"二战"时期，由于征兵，他们的团体逐渐沉寂。没有更多的人前来，流浪汉的队伍也渐渐枯竭。

随着战争的结束，大多数退伍军人从海外以英雄的身份归来，享受着民众的热烈欢迎，并愉快地回到安居乐业的生活状态。但是有一小部分的年轻人，他们的灵魂因战争而饱受创伤，经历了太多暴力与邪恶，他们封闭了自己的内心，需要寻求心理治愈。或许是通过口耳相传，或许是受到心灵的指引，他们像是被无形的磁铁吸引一般，纷纷来到伊利诺伊州的这个小小的乡村进行心理疗愈。很快，客栈已经人满为患。

但此时，真诚共同体中也埋藏了混沌的种子。一致性的决策变得越来越困难。许多新加入的人结成了小联盟，需要老一辈的精神指导。有几位在战争中伤痕累累的退伍兵，则需要抚慰精神的创伤。

最后，在这个真诚共同体中，他们真诚交往，坦诚地做自己，很多人的心理都得到了治愈，获得了精神的成长。

我曾经向其中一位非常优秀的人请教，希望了解其中成功的秘诀，他转而问他7岁的女儿："你在这里，感觉哪里最好？"

她立即回答道："爸爸，在这里，大家经常笑。"

我想，在真诚的关系中真心地欢笑，或许这就是一个真诚共同体所具有的特征之一。

我们只是互相关照，并不是去治愈

一天，新泽西州的牧师彼得·萨林格正在与最后一位教区居民握手,并为结束这个略显空洞的仪式而感到高兴。这时,一个40岁左右的英俊男子从教堂背面的阴影中走了出来,彼得之前并没有注意到他。陌生人抓住彼得的手说道:"这是一场精彩的布道,但这并非我此行的目的,我想在你方便的时候和你谈谈。"

彼得立刻对他产生了兴趣。"现在怎么样?"他问,那人点了点头,于是他们回到教堂的办公室。

"我能为你做些什么呢?"刚坐下彼得就问。

"我不确定,"陌生人说,"我叫拉尔夫·亨德森,是一名心理学家,同时也是一个基督徒,这样的组合并不常见。我在当地一家精神病医院工作,在我们的工作中似乎没有任何探讨宗教的空间,我只能将基督教作为自己的秘密,而我的妻子现在十分厌恶宗教,所以我也不能跟她谈这件事。你看起来是一位非常值得信赖的牧师。我真的不知道你能为我做什么,这听起来有些愚蠢,但我想,我对你说出这番话的主要原因是,我太孤独了。"

片刻间,他们默默地注视着对方。

"你是一个勇敢的人。"彼得说。

"很高兴听你这么说,"拉尔夫回答道,"但你为什么会这么说呢?"

"因为你是第一个勇于向我袒露内心脆弱的人,"彼得回答,"我在这里担任牧师已经三年了,这是一个很大的教区,我也被公认为优秀的牧师,但是我的教区居民从来没有跟我说过任何重要的事情,除非有人去世,但即便是那样的时刻他们也从未向我敞开心扉,我对他们的肤浅感到疲惫。你看,"彼得最后说,"我也很孤独。"

"那我们该怎么办呢?"拉尔夫问道。

"有人提到过一件东西——不过不是在这里,而是在南部,如果确实存在的话——人们称之为心理支援小组。"

"继续说呀!"拉尔夫急切地说。

"并没有更多可说的了,只是一群人聚集在一起,互相支援他们遇到的心理困境。我有一位牧师朋友和我一样,觉得自己与会众之间的关系十分疏远,我想他愿意加入我们。"

"但是我没有事工[1],"拉尔夫说,"我不是牧师。"

"胡说,"彼得回答,"每个人都有自己的事工,对于你来说就是保持心理健康。事实上,这些心理支援小组中的绝大多数是由商人组成的。每个人在世上从事的工作,都可以视为一种修心养性。重点在于我们需要选择成为一个真诚的人,还是虚伪的人。"

拉尔夫笑了:"好吧,听你的。"

这就是地下室小组的起源:两位神职人员和一位心理学家,会选择每周的某一天晚上在拉尔夫的地下室小房间里聚会两个小时。

六个月之内,拉尔夫介绍的一位精神病学家,以及彼得认识的另一个人加入了他们。大家一致决定以三分钟的沉默作为每一次会议的开始,而以每个成员大声地说出一个简短的、衷心的祷告作为结束。除了两个小时的设定时间、开场时的冥想和结束时

---

1 事工是指基督教会的成员执行教会所任命的工作。

的祷告这几个简单的仪式之外，小组中没有任何限制性约束。任何成员无论何时都可以谈论他想说的任何事情，唯一的要求是放下一切戒备和伪装，成员们同意尽可能地袒露自己真实的一面。他们不久就意识到坦诚相待不仅要求他们谈论亲密的事情，而且要求他们能够以接纳的、避免被成见所左右的态度去聆听彼此。

他们成了一个真诚共同体。

一年的冬末，一位拉比加入了这个小组。由于这意味着它将不再仅仅是一个"基督徒"心理支援小组，成员们事先进行了一些讨论，得出的结论是这个问题似乎无关紧要。但六个月后，拉尔夫建议邀请一位无神论者同事——一个脆弱的、想要寻求真诚关系的人加入进来。当这位因为缺乏信仰而被唾弃的人加入进来的时候，情况变得更加复杂。成员们花费了连续三个晚上的时间进行争论、磨合，无神论者表示自己可以参加开场时的冥想，但不能参加结束时的祷告。他被问及是否能接受其他人的祷告，聆听他人的祈祷，并在仪式中保持沉默，他说可以接受。做出这样的妥协并不难，更基本的问题是，无神论者的加入是否意味着这个小组将不能再以一个宗教支援小组的身份存在。其他成员肯定了他们的信仰在支援活动中所占据的中心地位，并不愿意把信仰拒之门外。而无神论者承诺自己会尊重他们的信仰，正如他们尊重他的无信仰，而信徒们也不希望自己的信仰是排他性的。小组的性质被维持了下来，由于包含无神论者，它被简单地定义为一个心理支援小组。这个包容的过程并不容易。然而最终，真诚共同体的精神却更加强大了。

又过了几年,第一位女性加入了支援小组,鉴于她突破性的身份,她对一个支持真诚共同体的需求十分强烈。秉承包容性的精神,小组顺利接纳了她。同年,两位商人也加入了进来。

后来,拉尔夫被任命为西海岸某大学心理学系主任,这样的机会令他难以拒绝。他和小组其他成员们都为他的即将告别感到悲伤,但在悲伤之中仍然有欢笑。到目前为止,这个小组每周都是在拉尔夫家地下室的小屋里开会。由于拉尔夫的离开,他们需要另外找一个地方,每个成员都愿意提供自己的家,但是,大家逐渐深刻地意识到,他们都格外喜欢在地下室开会。当他们思考为什么会发展出如此特别的倾向时,得出了三个结论。首先,拉尔夫在离开之前指出,在梦中,地下室通常象征潜意识的想法——潜伏在表面之下。组内的许多人对精神或"某些东西"似乎通过他们的潜意识思维来促进他们的共同工作而感到兴奋。其次,他们被支援和地下室之间的比喻所打动。正如一位成员所说:"这个小组对我来说变得如此重要,有时它似乎是我生活的基础。"最后,这个小组内的所有人,包括无神论者都意识到将他们联系在一起的原因是,他们都是在现实世界中通常不能自由地表达真实想法,或按照自己的意愿展示脆弱的人。"这就好比真正的我们总是隐藏在地下。"另一个成员总结道。由此可以推断,他们想要在地下见面是很自然的。

就这样,他们将自己称为"地下室小组"。自那时起,这个小组一直努力在地下室里举行每周的例会。有时是在铺着地毯的优雅小屋或游戏室里碰面。有时是挤在锅炉和热水器旁边,头顶上方就是蒸汽管道。但无论如何，小组对在地面上聚会已经不再予以考虑。

这个小组给予我们很多启迪，其一是，早期成员喜欢相互探讨，诠释彼此的生活，但后来逐渐发现，这一行为总会造成一定程度的混沌。所有这一切本身就证明，试图治愈或转化与支援相比通常更具有破坏性。因此小组明确提出"我们不是治疗小组"——"我们只是，仅仅是，一个支援小组"。并告诉每一个新成员："我们的目的只是互相关照，并不是去治愈。"但是，与任何真正的真诚共同体一样，地下室小组的许多成员都通过它获得了精神上的康复。

人为塑造敌人，最具破坏力

真诚共同体持续和消亡的问题围绕着被称为塑造敌人的过程而展开。我们已经看到，那些在常规环境下无法建立真诚关系的群体经常在应对威胁或危机时却取得了成功：一场悲剧，一次自然灾害，一次敌人袭击，或者一场战争。如果威胁是真实的，这毋庸置疑。

但是，当威胁所带来的本能的凝聚力被人为制造时，问题就出现了。塑造敌人的过程发生在当一个失去了真诚关系的群体试图通过创造一个威胁，一个敌人，一个原本不存在的事物来重新获得它的时候。最为人所熟知的例子就是纳粹德国，在那里，希特勒政权通过煽动对犹太人的仇恨，在大多数德国人之间实现了非同一般的凝聚力。但任何文明都会犯相似的错误。例如据可靠消息称，约翰逊总统通过伪造美国船只被袭击的"东京湾事件"，在国会掀起对于他的越南政策的密切支持。

塑造敌人的过程也许是所有人类行为中最具破坏性的一种。个人和群体都可能卷入其中，两者所造成的后果是相同的。虽然这一行为在一开始或许能够促进群体的运作，但实际上却是真诚共同体衰败和死亡的征兆。事实上，这个群体已经不再是一个真正的共同体，它逐渐变得排斥，而非包容。它成了"我们反对他们"的乌合之众，友爱尽失。而它塑造的假想敌很快就会变成真正的敌人。"二战"期间的犹太人大屠杀不可避免地促进了军事上的犹太复国主义。塑造敌人总是成为能够自我实现的预言，预言中原本并不存在的威胁被预言本身所唤起。

要维持真诚的关系，每个人必须时刻保持警惕，这种警惕是针对内部力量的，而并非外部。相对于反对坏的，更应该关注于坚持好的。这也意味着并不否认世间的恶，但要坚持守护着善，使其不被玷污。如果一个曾经是真诚共同体的群体发现自己开始沉溺于塑造敌人，那么就应该认真考虑自己是否应该继续存在，或者至少应该进行一次根本性的转变。与其滋生出仇恨和毁灭的力量，不如在优良传统尚未被腐蚀之际就戛然而止。

虽然真正的真诚共同体不容易实现也很难维护，但很少有人

会质疑它所追求的目标：与我们自己和其他人共同生活在包容和爱的关系中，彻底成为自己。

一个真正的真诚共同体在面对一个被指控为恶人的成员时必须不断经历痛苦的自我拷问：这个成员被排斥究竟是因为他确实有罪，还是只是某种形式的替罪羊？同样，几乎理所当然地，国家与国家之间总会互相指责对方，在国际关系中出现替罪羊，或者我所说的塑造敌人的情况比比皆是。

为了实现真正的真诚共同体，指定的领导者必须尽可能少地领导和控制，以鼓励他人参与领导。她或者他在这样做的时候，必须经常承认自己的软弱无能，并承担被指控领导力缺失的风险。美国的领导人愿意承担这样的风险吗？他们愿意鼓励其他人发展领导才能吗？他们是倾向于鼓励人民对他的依赖，还是与之相反？

现在，我们知道了真诚共同体的规则，也知道它在个人生活方面的治疗效果。如果我们能够找到一座桥梁，将这些我们已经掌握的知识与世界相连，这些规则会不会对世界产生同样的治疗效果呢？我们人类通常被认为是群居动物，但我们还不是真诚共同体生物。我们被迫为了生存而彼此联系。但是，我们还达不到真正的真诚共同体所要求具备的包容性、现实性、自我觉察、坦诚、承诺开放、自由、平等和爱。仅仅作为群居动物显然是不够的，在鸡尾酒会上喋喋不休，在生意和地界问题上争论不止。我们的任务——我们基本的、核心的、至关重要的任务，是把我们从单纯的群居生物转变成真诚共同体生物。这也是人类实现进化的唯一途径。

> 改变并不容易,但它是可能的,这是我们作为人类的荣耀。

第8章

The Different Drum

人性的幻想

我们总是倾向于做出这样的推测，物以类聚，人以群分，若要建立真诚关系，必须通过某种方式改变人性，使所有人都变得一样。这显然是不现实的。即使在我的经历和团体治疗中，这种想法也被证明是错误的。个体差异只有在被接纳和庆祝的时候，才能建立起真诚关系。正因为如此，我们在迈向真诚共同体时，所踏出的第一步或许应该是接受这样一个事实：我们不是，也不可能是完全一样的。

多元化的问题

因为每个人的独特性，我们不可避免地生活在一个多元化的社会中，同时我们也为社会的多元化而倍感自豪。尽管我们来自不同的种族和背景，有着截然不同的观点、需求、传统和信仰，采取不同的谋生方式，但仍可以在相对和平的环境中共同生活，无论如何，多元化有时候是值得庆祝的。

请记住，真诚共同体是一种团结的状态，身处其中的时候人们放下了防备心理，不再躲在防御措施背后，而是学着降低它们。他们也不再企图消除差异，而是学着接受甚至欣赏它们。在真诚关系中，人们需要的不是"顽强"，而是"柔软"。在这个崇尚"柔软"的地方，多元化不再是一个问题。事实上，它十分鼓励多元化。真诚共同体拥有真正的炼金术,它将我们差异的糟粕转化为美妙的和谐。

若想更加深入地了解这一切是如何发生的,我们还必须从最根本的层面了解,人类在拥有那么多共性的同时为何又是如此不同,我们必须回答这个问题:人性是什么?

我们是蛇,也是龙

对于大多数人而言,神话是个高深莫测的传说,往往是虚构的。然而,越来越多的心理学家开始意识到,神话之所以能流传至今,触动人心,恰恰在于它们的真实性。不同的文化中,不同的年代里,神话以不同的形式存在。它们经久不衰,广为流传,正因为它们是事实的具象化体现。

龙,是神话中的生物。早在今天的漫画书和动画片中那些喷火的怪兽出现之前,整个欧洲的基督徒就已经用手稿上精美的插图阐述了龙的形象。中国的道士,日本的佛教徒,印度的印度教徒和阿拉伯半岛的穆斯林也是如此。为什么?为什么是龙?为什么这个神话中的野兽如此国际化?

因为龙是人类的象征。作为一个虚构的符号,它代表了人性的本质。我们是长出了双翼的蛇,是可以展翅飞翔的蠕虫。像爬行动物一样，我们贴地而行，深陷于动物性和文化偏见的泥淖中。然而，如同飞鸟一般，我们也拥有翱翔于天际的精神力和行动力，至少在短暂的时间内超越我们狭隘的思想和罪恶。所以我有时会告诉我的患者，他们的一部分任务是与他们心中的巨龙和解，以决定他们想发展人性中更懒惰卑劣还是更灵性智慧的那一面。诗人鲁米说：

你生而有翼
为何竟愿意一生匍匐前行
形同虫蚁？

我们的狭隘、偏见和傲慢，让我们像蛇一样在泥沼中爬行，而我们的接纳和包容，则能让我们的心灵插上羽翼，飞翔在天际。

所有的神话都或多或少与人性有关，作为神话象征，龙是相对简单的一个。正如在梦境中一样，许多意象可以凝聚成一个神话。以亚当和夏娃，伊甸园，苹果和蛇（龙的雏形已经在这里出现了）的奇妙故事为例。这是关于我们从生活中堕落，从自然界被疏离的故事，或者，它是我们向自我意识进化的故事，说明知廉耻是人类的本质之一，或两者兼而有之。同时，这也是一个关于人类在自性化过程中所表现出的贪婪、恐惧、傲慢、懒惰和叛逆的故事。它告诉我们，我们无法再回到与万物融合的无自我意识的状态，这条路被一把燃烧的剑所阻断，只有穿越严酷的荒漠进入意识更深层的领域才能获得拯救。

即使是最简单的神话也有很多面，就像龙一样，我们是多面的生物。也正因为如此，我们才用神话来阐述人性。我们的本质是多面的、复杂的，甚至自相矛盾的，它不能用单一、简单归类的方式来表述。于是神话被赋予了囊括和拥抱丰富人性的使命。

有这样一个故事，一位牧师问孩子们："如果世界上的好人都是红色的，坏人都是绿色的，那你们会是什么颜色的？"

一个小孩歪着头，认真想了好一会儿，然后满脸兴奋地回答："我是花色的。"

人类学家欧内斯特针对人性的错综复杂，说了这样一句话："人是满口胡言乱语的神。"

因为人性的多面和复杂，对它的简单定义不但有失丰富性的公允，而且是非常危险的。任何虚假都是危险的，尤其是对人性的误解，因为这种误解是战争的基础之一。关于人性，最主要的错误观念，或者说幻觉，是人类都是相同的。你们一定以某种形式听说过这样的幻觉。"全世界的人们都是相似的。""不同的外表下，人人皆兄弟。""你们应该像我们一样。"

这种幻想是"邪恶"的理论基础。例如，父母要求孩子跟他们一样，丈夫要求妻子跟他一样，或者妻子要求丈夫跟她一样，上司要求下级跟他一样，一个民族要求另一个民族跟他们一样等，不管出于什么目的，打着什么崇高的旗子，这种以自我为中心，强迫别人与自己一样的心理和行为，最终都会走向邪恶。

虽然人与人有着不同的特征，踩着不一样的鼓声前行，但如果就此断言不同的人绝对没有共同之处，则又走向了另一个极端。前文所提到的"成为桑人和斐济人的治疗者"，描述了两种"原始"文化中治疗者所经历的终身训练过程。在这两种文化中,尽管特定的治疗方法或普遍的精神信仰所使用的语言和概念截然不同,但这些治疗者多年来转化过程的特征却极为相似。事实上,这些治疗师的转变之旅,与我们自己文化中的精神追求者所采取的方式大致相同。我认为,精神旅程的过程在深处是一致的。它们是人性的一部分,是我们共同拥有的复杂特征之一。

精神成长的过程为人类同时具有独特性和相似性提供了另一个例子。男人和女人是截然不同的,没有人会质疑男性精神与女性精神之间的巨大差异。然而,在过去20年从事心理治疗的实践过程中,我意识到,男性和女性必须面对同样的精神问题,并在成长过程中克服相同的障碍这一事实给我留下了深刻的印象。男性或女性都需要学习如何独立于自己的父母、配偶和子女,如何培养充分的责任感和主体感。完成这一步之后,还要学习如何屈服,如何应对身体的衰老,如何面对死亡。无论从主观上还是客观上来说,作为男人的我和作为女人的你是截然不同的,与此同时,我们又都是同样的人。

无论从主观上还是客观上来说,西方人与东方人是截然不同的。我们有许多不同的想法。但是,我们也必须同样面对生死,以及其他作为人类所必须面对的共同问题。这就是龙的神话所要阐述的现实——我们是蛇,也是龙。

由此可见,"人性是什么?"这个至关重要的问题的答案必然是矛盾的。人类截然不同又十分相似。如果我们都一样,世界将变得简单很多。也许是因为这个原因,来自不同文化的人们都倾向于将我们的差异严重低估。在一种文化中被认为是"正常"的东西在另一种文化中可能被认为是明显异常的，甚至在相当程度上，善与恶的概念也由文化所决定。

我从一段令我懊恼的经历中了解到，并非所有文化差异都一成不变。当我在冲绳岛服务期间，我决定去拜访那里的一家精神病医院，许多其他的美国人也对此很感兴趣，所以我们医院的翻译，一位见多识广的日本女性为我们安排了为期一天的行程。期间一名美国医生注意到，这家医院的患者都睡在榻榻米垫上，除了这张榻榻米垫，患者和水泥地板之间再无其他的阻隔，这位医生不禁喊道："这里对待患者的方式太糟糕了，我简直不敢相信他们的医院竟然这么差，他们至少应该给患者安排用来睡觉的床铺。"

由于这个地方比我在美国访问过的许多州立医院更加整洁有序，我当即斥责他："这家医院并不差，"我强调，"在日本文化中，睡在榻榻米垫上再正常不过。床铺反倒可能引起患者的不适，让他们无所适从。由于来自不同的文化，他们更喜欢以这样的方式睡觉。"

我们的翻译当即纠正了我，"确实，这不一定是一家差医院，"她说，"如果你安排一个日本农民住在一间带床铺的酒店房间里，他可能会在头几天晚上解开榻榻米垫子用来睡觉。但是一旦一个日本成年人有机会睡在床上，在有选择的情况下，她或他通常不会再睡在榻榻米垫上。"

在那些认识到至少部分的文化差异可以改变的人当中，大多数都认为他们自己的文化，他们自己的现实，既美好又崇高，应该改变的是来自其他文化的人。但这一表现再次将对人性的幻想推向了更加危险的极端。它不仅假定所有人都具有本质上的相同性，而且假定所有人都应该向这个方向努力。那些不能，不会，也不想变得"像我们一样"的人则被打上敌人的标签，无论他们是来自另一个国家或另一种文化的人们，还是生活方式与我们不同的邻居。英国著名经济学家和哲学家弗里德里希·哈耶克说："在这个世界上，平等待人和试图使他人平等这两者之间的差别总是存在的。前者是一个正常社会的前提条件，而后者意味着'一种新的奴役方式'。"比如，一些父母怀着美好的意愿去塑造孩子，希望他们将来过上体面的日子，但结果恰恰是那些想让孩子变得体面的东西，却让他们的生活变成了人间地狱。

人性的现实在于，我们是，而且将永远是截然不同的，因为人性最突出的特征在于它具有通过文化和经历以完全不同的方式进行塑造的能力。人性是灵活的，它确实有改变的能力。但这样说并不足以彰显人性的荣耀，更为合适的说法应该是"转型的能力"。转型的能力才是人性最本质的特征。同样矛盾的是，这种能力既是战争的成因，也是战争最根本的解药。

转型的能力

我住在康涅狄格州的一个大湖边。每年3月，当湖面上的冰融化时，都会飞来一群海鸥，而到了每年 12 月，当湖面结冰时，海鸥又会离开，大概是飞往南部的什么地方。我不知道它们去了哪里，但最近听说是在亚拉巴马州的佛罗伦萨。研究候鸟的科学家认识到，海鸥小小的脑袋已经足以使它们能够依据星辰来辨别方向，从而准确地抵达亚拉巴马州的佛罗伦萨。唯一的问题是它们的自由度相对较低。其迁徙的目的地只可能是亚拉巴马州的佛罗伦萨。它们不能说："今年我也许会在得克萨斯州的韦科或百慕大过冬。"

与海鸥相比，我们人类相对缺乏本能，却有着极大的自由度。我们有选择的自由，如果经济条件允许的话，无论是去亚拉巴马州、百慕大或巴巴多斯过冬，还是留在家中，或者干脆做一些完全不合常理的事情，比如转向北部，去佛蒙特州遍布碎木头和玻璃的冰山上滑雪。而这种自由则赋予了我们对自身进行改变和转型的能力。

由蛇变成龙是自身的一种改变，也是一种转型。没有什么能比从婴儿期到青春期，再到成年期的心理成长的连续阶段更能证明我们的转型能力。然而此后，我们转变的愿望并没有随着年龄增长而不断增加，反而更加偏向于固有的模式，对新事物不再感兴趣，越来越腐朽僵化。事实上，当我年轻时，我认为这是理所当然的，那些步入五六十岁的成年人似乎都变得越来越守"本分"。

但也有可喜的例外，20 岁那年，知名作家约翰·马昆德令我大开眼界，我和当时 65 岁的他共同度过了整个夏天。马昆德对包括我在内的所有事物都兴致盎然，而在此之前从未有过任何一位德高望重的 65 岁老人对少不更事的 20 岁的我感兴趣。我们曾每周三到四次争论至深夜，我时常可以在争论中获胜。我可以改变他的想法。事实上，他每周会因为这样或那样的原因多次改变自己的想法。因此到了夏末，我已经非常清楚地意识到这个人从精神上来说并没有变老。如果非要说有什么变化，那也是从心理学的角度看他变得更年轻，更灵活，较大多数青少年而言发展更快。在我的生命中，我第一次意识到我们的精神可以不老。的确，我们无法避免身体随着年岁增长逐渐衰老，但心灵和精神可以永葆青春。

我们现在迎来了一个有趣的悖论：那些心灵和精神永葆青春的人，恰恰是心理上和精神上最为成熟的人。相反，很多我们所谓的衰老是心理和精神上的不成熟。我们通常这样描述老迈的人：他们变得牢骚满腹、刻薄寡恩和颐指气使，总是以自我为中心。但通常这并不是因为他们步入了第二次童年，而是因为他们从未走出过第一次童年，他们一直是个孩子，只是外表那层成人的伪装磨损了而已。心理治疗师们知道，很多人在成人的外表下，实际还是个情绪化的孩子。不过，如果这些人中的一部分有勇气寻求心理治疗，充分说明他们已经意识到了自己心智的不成熟，无法继续困在成熟外表和幼稚心灵的夹缝之中，事实上，他们寻求心理治疗本身，就是提出了转型的诉求。

我的一位导师，曾用他独特的爱尔兰口音对我说："啊，斯科蒂，成人真是一件了不起的事物！"当然，他的意思是说，成人是一件令人惊叹的造物，真正的成人很稀有。然而，并不需要对这种相对稀少的情况感到悲观。有证据表明，过去两代人中，成人的数量呈现出迅速的增长。无论如何，真正的成人是那些已经学会不断发展和锻炼他们转型能力的人。通过这种锻炼的加深，我们会在进步的道路上越走越快。伴随着成长，我们清空自己的能力也逐渐增强——我们能够摆脱掉那些陈旧的事物，让新的事物涌入，从而给转型带来可能。

可以说，正是我们转型的能力使我们在一定程度上成为不同的人。缺乏一种固有的、预设的本质，却拥有尝试新的、不同的事物的自由，这就使我们不可避免地被塑造，或选择成为各式各样的人。人类最显著的特征是其多样性。由于不同的基因，不同的童年，不同的文化和不同的生活经历，也许最重要的是，由于不同的选择，我们已经通过不同的方式转型或被转型。气质、性格和文化上的巨大差异使我们难以和谐地生活在一起。通过运用同样的转型能力，我们有可能超越童年、文化，以及过去的经历。同样，我们有可能超越，而不是抹杀我们的差异。

现实、理想和浪漫

那些认为和平世界不可能实现的人，即所谓的鹰派，通常将自己称为现实主义者。一群将人类天生好战的假设作为主要观点的人做出这样的自我定义不仅十分奇怪，而且与事实相悖。在所有被记载的历史中，鹰派始终坚持认为所有文化的人类一直处于战争状态。其实这并不完全准确，例如瑞典和瑞士几百年来从未发生过战争。但是对于鹰派来说，他们则认为战争是人性现实的写照，并通过成为好战分子去适应这一现实。

这些鹰派人士通常将鸽派称为理想主义者，更普遍的说法是"没头脑的理想主义者"或"糊里糊涂的理想主义者"。他们是对的——我指的当然不是没头脑或者糊里糊涂，而是我们的确是理想主义者。因为我将理想主义者定义为相信人性具有转型能力的人。即使人性的确是好战的，即使我并不清楚侵略这种行为模式是先天的，还是后天习得的，但我们也仍然有可能将其改变。

无论人性的其他特征如何，这种转型能力才是其最显著的特征，它也是人类物种得以进化和生存的基础。这些鹰派人士，或所谓的现实主义者与人类意义的本质脱节，而理想主义的鸽派的思想才更符合人性的现实。理想主义者才是更现实的那群人。

然而，在某种情况下，理想主义的鸽派也会与现实脱节。当我主持裁军研讨会时，参与者们都热血沸腾；但当我告诉他们我预期裁军需要十几年的时间才能完成时，他们的情绪一落千丈，表情黯淡下来。他们原以为这可能只需要六个月，因为他们都是浪漫主义者。我将浪漫定义为不仅相信人性的转型能力，而且相信这很容易。事实上这并不容易，但这是可能的。

其中的不易有很多根深蒂固的原因。品格的最佳定义为：精神元素一致的组织模式。一致性是这个定义中的关键词。个人的人格具有一致性，文化和国家的"品格"也是同理。一致性既有黑暗的一面，也有光明的一面，既有好处也有坏处。

在此举一个我亲身实践的例子。当新患者到来时，他们通常会看到我穿着开领衬衫和舒适的毛衣，甚至是拖鞋。如果他们第二次来见我时，发现我身着领带和西装，正准备赶赴一场演讲旅行，这也许尚可接受。然而，若是他们第三次来，却见到一个穿着飘逸长袍，戴着精致珠宝的我，他们通常不会再来第四次。许多患者不断回来接受我的服务的原因之一是，他们每次来找我，我都仍然是那个老斯科蒂。我人格的一致性给他们带来了安全感，使他们"有章可循"。我们需要保持人格的相对一致性，以便作为一个值得信赖的人，在社会上发挥应有的作用。

然而，这种一致性的阴暗面是我们心理治疗师所称的抵抗。品格，无论是个人的还是国家的，都具有抵抗变革的特性。患者来进行心理治疗，其本质永远是寻求改变。但是从治疗开始的那一刻起，他们却表现出对变化的极度反感，并且常常会与它一决雌雄。心理治疗旨在释放真理之光，并将它在我们心中点亮。真理会带给你自由，但首先会把你逼疯——这句谚语生动地反映了这种抵抗。

改变并不容易，但它是可能的，这是我们作为人类的荣耀。这种荣耀曾被视为美国理想主义的根基。《独立宣言》《宪法》和《权利法案》——这个国家建立之初的所有纲领性文件——都是基于这个深刻的理想。它们的基本职能是建立一个社会，使人们在最大限度上获得变革的自由——改变他们的精神信仰，改变他们的居住地点，改变他们的生活方式，通过信息的自由传递改变他们的想法。

不过，我们或许仍记得，改变他人的企图往往会导致混沌，并不能建立起真诚的关系，此刻我想起了一句众所周知的名言："你唯一可以改变的人就是你自己。"

> 个人的精神成长是一个孤独的旅程,需要抛弃父母的影响、家族的传统、文化的束缚,甚至自己习惯的生活方式。

第9章

The Different Drum

爱的人越多，喜欢的人越少

建立真诚关系的前提是接纳，其实更应该说是庆幸我们个体和文化的差异，但只有在我们进入空灵之后才能获得。然而，这并不意味着当我们向真诚关系迈进的时候，要求所有人、所有文化和社会都具有同样的优越性和成熟度。如果那样做，将再次落入另一种对"人性的幻想"的圈套中。在这一幻想中"我们各不相同，但排除这些表面的差异，我们的本质是完全相同或平等的"。这明显不切实际。事实上，就像一些人比其他人更成熟一样，一些文化与另一些文化相比有着或多或少的缺陷。

因此，我们不需要强迫自己去感受每个人都有相同程度的吸引力，或者每种文化都有相同程度的品位。盖尔·韦伯在他更深层面的关于精神成长的经典著作中写道，在精神成长的过程中，爱的人越多，喜欢的人就越少。这是因为当我们已经足够善于识别和治疗我们自身缺陷的时候，自然也会善于识别他人的缺陷。我们也许会因为这些缺陷和不成熟而不喜欢他们，但随着我们的不断成长，我们越来越能够去接纳他们，去爱他们的一切，包括所有的缺陷。我们的目的不是彼此喜欢，而是彼此相爱。

虽然这种爱很难获得，但这是精神之旅的一部分，如果这一旅程不被理解，它将有可能成为导致我们进一步分裂的一个主要因素。但是，如果理解这一原则，将为我们的和睦相处起到极大的推动作用。

精神成长的阶段

在《少有人走的路3：与心灵对话》中，我说，人类的精神成长可以分为四个阶段：

第一阶段：混沌，反社会
第二阶段：规范，制度化
第三阶段：怀疑，个性化
第四阶段：神秘，共同化

大多数小孩以及约五分之一的成年人都处于第一阶段。它本质上是一个灵性尚未开化的阶段。我把它称为反社会，是因为处于这一阶段的成年人，以及被我称为"谎言之子"的人，似乎通常不具备共情能力，不会去关爱别人。虽然他们可能假装在爱，而且自己也是这样认为的，但他们与同胞之间的关系本质上都是以操纵和为自我服务为目的，对其他人漠不关心。我将这一阶段称为混沌，因为这些人基本上毫无原则。正因为缺乏原则，他们完全被个人意愿所支配，而且由于意愿可以不时地发生变化，他们的存在缺乏完整性。因此，他们往往最终会沦为阶下囚，或深陷困境。然而，也有些第一阶段的人擅长权宜之计，在隐藏自己的野心方面颇为严谨，因此他们可能会身居高位，手握权力，或者颇具威望，甚至成为总统或有影响力的大人物。

随着时间的流逝，处在这一阶段的人不时会意识到他们所置身的混沌，但通常他们只能听之任之，有些甚至会因为完全看不到改变的希望而选择结束自己的生命。偶尔会有一部分人，能够转换到第二阶段。

这种转变通常是突然而戏剧化的，就好像是神秘之人伸手拉了那个灵魂一把，令它实现了一次量子跃迁，即质的飞跃。这个过程似乎是无意识的，总是自然而然地就发生了。如果想要更形象的描述，就好比一个人在自言自语："任何事情，无论是什么，都好过这混沌不堪的现状，我愿意做任何事情来摆脱它，哪怕是被机构所管制。"

对于某些人来说这种机构是监狱。大多数在监狱工作过的人都知道有一种"囚犯楷模"，他们合作、服从、训练有素，受到其他囚犯和行政人员的青睐。因为他表现良好，可能很快就会被假释，然而三天之后，他抢劫了7家银行并承认犯下了其他17项重罪，这样他就可以立即回到监狱，被牢笼所管制，并且再次成为"囚犯楷模"。

对另一些人来说，这个机构可能是军队，他们生活的混乱状态受到军队相当严苛的家长式的，甚至是包办式的制约。对其他人来说，它可能是一家公司或其他一些结构严密的组织。

我把精神发展的第二阶段，称为"规范"和"体制化"的阶段。这个阶段的人教条死板，过分注重外在的形式，如果在事物的形式上做出改变，他们会变得非常不安。因为正是这些形式使他们得以从混沌中解脱，无怪乎处于精神发展这一阶段的人总是风声鹤唳，任何随心所欲、无视规则的举动似乎都对他们造成威胁。

现在让我们假设，两个牢牢扎根于第二阶段的成年人结婚生子。他们可能会在稳定的家庭中抚养子女，因为稳定是这个阶段人们的原则性价值。他们会把自己的孩子作为一个重要的存在郑重对待，因为别人告诉他们孩子是重要的，应该予以郑重的对待。虽然他们的爱有时可能有点过于程式化，并且缺乏一定的想象力，但他们仍然会真心相待，因为别人告诉他们应该去爱，并教导他们如何去爱。

在这样一个稳定而充满爱心的家庭中长大，孩子逐渐会转变为具有自制力的人，不必再像他们的父母依赖于管制机构，他们会告诉自己："谁需要再听信这些愚蠢的言论。"此时此刻他们开始过渡到第三阶段：怀疑，个性化，并给父母带来巨大的烦恼——成为无神论者或不可知论者。

尽管"缺乏信任"，处于第三阶段的人通常比满足于滞留在第二阶段的人有着更高的精神境界。虽然崇尚个人主义，但他们不会做出任何反社会的行为。相反，他们往往深入地参与到并致力于社会事业当中。他们对事物有自己的看法，并不会盲目相信他们在书本中读到的全部内容。他们会成为充满爱心、全心全意照料孩子的父母。作为怀疑论者，他们通常是科学家，因此他们仍然必须高度重视规则。的确，我们所说的科学方法正是一系列公约和程序的集合，旨在对抗我们超凡的自我欺骗能力，其目的是探寻真理——这一超越了我们当下情感上或理智上的舒适区的东西。

处于第三阶段的人是积极的求真者。

俗话说求则得之。如果第三阶段的人们更加深入而广泛地寻求真理，他们就会发现他们所找寻的东西——那些真理的碎片渐渐可以组合成一些图案，但尚不足以完成一幅完整的拼图。事实上，他们找到的碎片愈多，拼图也愈显得宏伟壮丽。然而，他们终究能够一窥那"宏伟画卷"的真容，从而相信它惊人的美丽——而他们所看到的东西恰恰与处于第二阶段的父母或祖父母所相信的那些"原始神话和迷信"如出一辙。从那时起，他们开始转换到第四阶段，也就是精神发展和升华的共同化阶段。

"神秘主义"是一个备受争议的词，形式众多，很难定义。然而历代以来，各种精神信仰的神秘主义者都提到了事物之间的统一性和关联性：男女之间，我们与其他生物之间，甚至无生命的事物之间，都是遵循宇宙中一种无处不在又无从捉摸的法则相互联系。还记得我在小组中的那次经历吗，我突然看到讨厌的邻座变成了我自己。他那些臭气熏天的雪茄烟蒂的味道和喉咙里传出的鼾声曾经令我厌恶至极，直到那奇异的神秘时刻的出现。我看到自己坐在他的椅子上，并意识到他是我睡着的那部分，而我

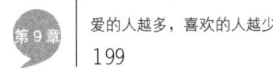

是他醒着的那部分。我们突然有了关联。不仅如此,我们都是同一个联合体的组成部分。

神秘主义显然与神秘事物有关。神秘主义者承认未知事物的重要性,但并不会被它们吓倒,而是试图更深入地向内探寻,从而对其有更多的了解,即使他们往往意识到了解得越多,事情反而变得越神秘。他们喜欢神秘感,这与处于第二阶段的人形成鲜明对比。处于第二阶段的人们需要简单而明确的教条,对未知和不可知的东西几乎没有任何兴趣。处于第二阶段的人在相当程度上是为了逃避神秘而加入某种精神信仰。与此同时,处于第四阶段的男人和女人们却是为了接触神秘而加入精神信仰。由此便产生了一种十分令人困惑的现象:那些选择加入精神信仰,而且是同一类信仰的人,不仅出于不同的动机,而且出于完全相反的动机。在我们了解精神信仰多元化的根源之前,这都很难理解。

经年累月,神秘主义者不仅谈论空灵,而且歌颂它的优点。我将第四阶段贴上共同化和神秘的标签,是因为在全人类中,他们最清醒地意识到整个世界是一个共同体,人为地划分敌我阵营恰恰是没有认清这一点。他们已经习惯于摆脱偏见和先入之见,并能够理解连接一切事物的无形的法则,他们的思考不会受派系、集团,甚至国家所约束,他们知道我们属于同一个世界。

在精神发展的四个阶段之内和之间当然还分为很多不同的等级。实际上我们将处于第一和第二阶段之间的人称为:开倒车的人。有这样一个男人（为了方便起见，我们会用男人来举例，女人也会处在这个阶段，但表现形式更为微妙），他喝酒、赌博，还有些放荡，直到某个处于第二阶段的亲友来找他谈话。他得救了，在接下来的两年中，他过着清醒、正直、有敬畏心的生活，直到有一天他被发现又重返酒吧或赛马场。他再一次得救了，但之后又会走回头路，并不断在第一阶段和第二阶段之间摇摆。

同样，人们也会在第二阶段和第三阶段之间摇摆。例如，有个人自言自语道："不是我没有信仰，树木、花朵和云都如此美丽，人类的智慧显然不足以创造它们，必然有某种神圣的智慧早在数十亿年前就把这一切都安排好了，但星期天早上的高尔夫球场和教堂一样美丽，我也可以在那里找到我的信仰。从此他便在高尔夫球场寻找归宿，直到几年后他的生意经受了轻微的动荡，他惊慌地告诫自己："噢，天哪，我这段时间都没有精神寄托。"因此他又开始信仰，直到多年后经济好转，他又逐渐回到他第三阶段的高尔夫球场。

与之相似，我们会看到人们在第三阶段和第四阶段之间摇摆。我的邻居就属于这一类。日间，迈克尔总是以极强的准确性和精度来表达他充满分析性的想法，和他聊天实在令我感到无聊透顶。然而，偶尔在晚上喝了些威士忌后，迈克尔会开始谈论生死、意义与荣耀，并且变得"灵感充溢"，我会坐在他的脚边出神地聆听。然而第二天他会抱歉地说："我的天，真不知道昨天晚上我是怎么了，说了一堆蠢话，我必须停止喝酒。"我并不鼓励酗酒，仅仅为了说明这个案例中的一个事实：饮酒有时候能够使他足够放松，得以朝着被召唤的方向流动。而面对冰冷的现实，他不得不怀揣着恐惧退回到第三阶段由"合理"所带来的安全感中。

也许可以预见，在精神发展的不同阶段，人们之间存在一种威胁感。

大多数情况下，我们受到处于更高阶段的人的威胁。虽然处于第一阶段的人们经常把自己伪装得"很酷"，看起来"一切都很好"，其实在外表之下，他们能感受到几乎来自所有事，所有人的威胁。处于第二阶段的人不会被第一阶段的所谓"罪人"威胁。他们被要求去爱这些罪人。但是他们深受第三阶段的个人主义者和怀疑论者，甚至更多的是来自第四阶段的神秘主义者的威胁，这些神秘主义者所相信的东西似乎与他们的信仰相同，但在相信的背后却流露出一种令他们万分恐惧的自由。另一方面，处于第三阶段的人并不会被第一阶段或第二阶段的人所威胁，却会被第四阶段的人所威胁，这些人似乎像他们一样具有科学的头脑，知道如何写出很好的脚注，但不知为何仍然相信那些疯狂的、跟神秘有关的事。

认识到精神成长不同阶段人们之间的这种威胁感，对于教师和治疗者来说至关重要。不管是否愿意，我们每个人都是老师和治疗者，我们唯一的选择是成为好的或是坏的。想要成为一位好的老师或者治疗师，关键在于你要领先你的患者、客户或学生一步。如果不领先就无法引导他们，但如果过于超前又可能会失去他们。如果其他人比我们领先一步，我们通常会羡慕他们。如果他们比我们领先了两步，我们通常认为他们很危险。这就是苏格拉底被杀的原因，他们认为他是有害的。

同样，领先了两步或更多的人想要引导底层的人也是非常困难的。由于这个原因，第四阶段的人，即使不断提高自己也无法成为很多人的最佳治疗师。通常而言，第二阶段的人可以为第一阶段的人提供最佳治疗。而精神病学家和心理学家——主要位于第三阶段——通过从精神上引导第二阶段的人摆脱依赖，为文化发展做出了贡献。第四阶段的治疗师最擅长引导高度独立的人，以帮助他们认识到万物之间神秘的相互依存性。我们中的大多数人，在伸手去拉下方某个人的同时，也被另一只手从上方拉住。

了解精神发展的阶段对建立真诚关系十分重要。一个只有处于第四阶段、第三阶段或者第二阶段的群体，与其说是一个真诚共同体倒不如说是一个帮派。真正的共同体可能会包括所有阶段的人。基于这样的理解，不同阶段的人们就有可能战胜将他们割裂开的威胁感，并成为一个真正的真诚共同体。

这种可能性最为戏剧性的例子发生在几年前我所领导的一个小型的治疗小组中。在这个为期两天的25人小组中，有10位处于第二阶段的人，他们严格自律，不越雷池一步，5位处于第三阶段的无神论者，10位处于第四阶段的神秘主义者。有些时候我对能把他们变成真诚共同体感到绝望。第二阶段的人对于我——他们所谓的领导人抽烟喝酒的习惯感到愤怒，并不遗余力地试图治愈我的虚伪和沉溺。而神秘主义者则积极地挑战第二阶段之人的形式主义和党同伐异。当然，他们全都致力于改变无神论者。无神论者则反过来嘲笑他们居然胆敢不知天高地厚地认为自己已经掌握了某种真理。尽管如此，经过大约12个小时最激烈的斗争之后，我们最终得以摆脱自己的偏执和狭隘，允许彼此处于各自不同的阶段。我们成了一个真诚共同体。但是，如果没有对精神发展不同阶段的认知，并且认识到我们并非都"处于相同的阶段"，而且这并没有什么不好，我们就不可能取得成功。

我的经验表明，这种精神发展的步伐在所有文化中都真实存在。

事实上，似乎所有伟大信仰的特征之一，就是它们能够同时与处于第二阶段和第四阶段的人对话。我想这也正是它们之所以伟大的原因所在。

同样根据我的经验，精神发展的四个阶段也代表了健康心理发展的范式。我们出生时往往处于第一阶段。如果我们出生在稳定而安全的家庭，童年时期我们就会成为遵纪守法的人。如果家庭完全支持并鼓励我们的独特性和独立性，那么在青少年时期，我们经常会作为萌芽期的怀疑论者，开始对法律、规则和神话提出质疑。如果这种引导我们产生质疑的自然的成长力量没有受到来自学校或父母的诅咒、威胁和抵制，那么在成年之后，我们会慢慢开始理解隐含在神话和法律字里行间的意义和精神。然而，某些家庭环境中可能存在破坏力，从而使人们"驻留在"某个阶段。相反,还有一些罕见的、难以解释的人发展得比预期的更深入,更迅速。

值得一提的是,不管我们在精神上取得了多么长足的发展和进步,我们仍然会保留前一阶段的痕迹,就像我们保留着退化的盲肠一样。我基本可以算得上是第四阶段的人,否则我不可能写出这样的文字。但我可以向你保证,仍然有个第一阶段的斯科特·派克存在,他在任何重大压力下的第一反应往往是撒谎、欺骗或偷偷溜走。我宁愿将他好好藏匿起来,藏在一个舒适的牢笼中,这样他就永远不会出现在这个世界上。事实上,我只有承认这些阴暗面的存在才能做到这一点,这也正是荣格心理学所说的"暗影整合"的意思。与每个人一样,我也有阴暗的东西,我从未试图杀死那个阴暗的自己,因为每当我需要一些特殊的"市井智慧"时,我需要进入这个地下牢笼,躲在安全的铁栏杆后面咨询他。同样,我还有一个第二阶段的斯科特·派克,他在紧张和疲惫时非常希望有一个"大哥"或"老爹"给他一些明确的非此即彼的答案,以解决人生中困难的模棱两可的困境,或给他一些公式,告诉他该如何表现,以减轻他若想独立解决所有问题应肩负的责任。还有一个第三阶段的斯科特·派克,如果被邀请去参加一个久负盛名的科学大会,在这样一种场合的压力之下,他会回归纯粹理性的思考:好吧,我最好和他们谈谈那些处于精准控制之下的、可衡量的研究,而不是去谈论那些有关神秘的事情。

我认为这些精神阶段的发展过程用转化来命名再合适不过。

我已经提到，从第一阶段到第二阶段的转化通常是突然而剧烈的。与此不同的是，从第三阶段到第四阶段的转化通常是循序渐进的。我第一次谈到这些阶段是在与心理学家保罗·维兹共同参加的一次研讨会上，他是《将心理学作为宗教》一书的作者。在问答期间，保罗被问到他是什么时候成为基督徒的。他挠了挠脑袋说道："让我想想，应该是在1972年到1976年之间。"相比之下，对于同样的问题，你更为熟悉的答案应该是这样的："那是8月17日晚上8点30分！"

在从第三阶段转化到第四阶段的过程中，人们通常第一次意识到存在精神成长这回事。但这种意识有一个潜在的缺陷，即此刻有些人会认为自己可以指引这一过程。"如果我在这时候跳一些苏菲舞，"他们告诉自己，"去做一些禅修，再参与一些关于生命意义的探索活动，我终会得到涅槃。"但是伊卡洛斯的神话告诉我们物极必反。伊卡洛斯想要接近太阳，他用羽毛和蜡制成了一对翅膀。但是一旦他开始接近太阳，太阳的热量就会融化他的人造翅膀，使他坠入死亡的深渊。我相信这个神话的其中一个寓意，是告诫我们无法靠自己的力量去接近某些东西。我们必须接受更高力量的指引。

在任何情况下，无论是突然的还是渐进的，无论在其他方面是多么不同，从第一阶段到第二阶段，以及从第三阶段到第四阶段的转化其实有一个共同点：人们会感觉到他们的转化并非是他们依靠自己的力量实现的，而是一种恩赐。我可以很明确地说，当我自己从第三阶段向第四阶段转化时，并没有足够的智慧靠自己找到方法。

作为精神成长过程的一部分，从第二阶段到第三阶段的过渡也是一种转化。我们可以转化为无神论者、不可知论者，或者至少是怀疑论者！事实上，我们所面临的最大挑战之一，是试图促进人们从第二阶段直接跳到第四阶段，而不必经历第三阶段的怀疑。在我看来，不允许怀疑，是人们最容易犯的错误之一，这样做所带来的后果是不断导致成长中的人们离真诚共同体越来越远，将他们固定在对精神洞悉的永恒抵制上。相反，只有将质疑视为美德，我们才能在精神成长的道路上稳步前行。

只有通过质疑，我们才能模糊地意识到生命的本质是灵魂的发展。我们都在一场持续的精神旅途上，我们的转化永远不会终结，意识之美远远超过了其弊端。我们初次意识到我们正在旅途上，我们都是朝圣者的时候，也是我们第一次真正开始有意识地与宇宙合作的时候。这就是为什么在我之前提到的那场研讨会上，保罗·维兹语重心长地告诉听众："我认为斯科特提出的阶段理论非常有效，我想我会在今后的实践中运用它们，但是我希望你们记住，斯科蒂所提出的第四阶段只是一个开始。"

有些人担心，将人们按照精神成长的不同阶段来分类可能会产生一种分裂效应，但我并不认为这种担心是合理的，而且，我的个人经验不断重复着这样一种认知：我们处于不同的精神发展阶段并不会阻碍而是有助于真诚关系的形成和维护。不过，我们应该记住，发展相对滞后的人们有充分的能力建立真诚关系，而我们中那些最发达的人们身上仍然保留着早期阶段的痕迹。正如爱德华·马丁在他的诗《吾名大群》中所表达的那样：

> 在我尘世的宫殿中有一群人——
> 一个人谦卑，一个人骄傲，
> 一个人为自己的罪孽伤心欲绝，
> 一个人坐在那儿毫无悔意地咧嘴大笑，
> 一个人爱邻居如同爱自己，
> 一个人除了名誉和财富什么也不关心。
> 我或许能摆脱这无尽的烦恼，
> 如果我能从他们当中将自己寻找，
> 就能获得一次飞跃。

成长就是超越

我所描述的精神发展过程与真诚共同体的发展非常相似。精神处在第一阶段的人通常是伪装者，他们假装自己慈悲而虔诚，掩盖他们缺乏原则的事实。群体形成的第一个原始阶段——伪共同体，同样以伪装为特征。群体试图表现得像个共同体，而不去做任何与之相关的努力。

第二阶段的人们已经开始服从于原则——法律。但他们并不了解法律的精神。因此，他们是墨守成规的、狭隘的、教条式的。他们经受着任何与他们有着不同想法的人的威胁，因此他们认为自己有责任转化或挽救其他90%或99%"与他们不一样"的人。在建立真诚共同体的第二个阶段，成员们竭尽全力地试图改变对方，而不是相互接纳，团体所呈现出的混沌局面，相当于个人精神发展处在第二阶段的人。

精神发展第三阶段是质疑，类似于共同体形成过程中最关键的空灵阶段。为了实现真诚共同体，群体中的成员必须质疑自己。他们可能会问自己："我的观点真的那么确切和完善，足以得出其他人还没有得到的结论吗？"或者"我对同性恋是不是有偏见？"事实上，这样的质疑是空灵过程必要的开端。如果我们不先对自己的先入之见、偏见，以及控制和转化的需求提出怀疑，并质疑它们存在的必要性，我们就无法成功地摆脱它们。个人被困在第三阶段也正是因为没有足够深入地怀疑。要进入第四阶段，他们必须开始摆脱一系列有关怀疑主义的错误教条，比如任何科学无法测量的东西都是不可知的，不值得研究的。他们甚至必须对自己的怀疑产生质疑。

那么，这是否意味着一个真正的真诚共同体中的成员全部都处于第四阶段呢？答案很矛盾，既是肯定的也是否定的。之所以说是否定的，原因在于个体成员很难成长得如此迅速，以至于当他们从群体回到日常生活中时，已经全然放弃了他们惯常的思维方式。之所以说肯定，原因在于在真诚共同体中，成员们已经学会了如何以第四阶段的方式彼此相处。他们已经通过对空灵、接纳和包容的亲身体验，实践了神秘主义者长久以来的行为特征。他们保留着作为第一阶段、第二阶段、第三阶段或第四阶段个体的基本身份。事实上，对这些阶段的了解如此重要的原因之一，在于它促进了在精神上位于不同阶段的人们之间的相互接纳。这种接纳是真诚共同体的先决条件。然而可喜的是，这种接纳一旦实现——并且只有通过空灵才能实现，第一、二、三阶段的男人和女人通常具有朝着更好的一方发展的能力，就好像他们都是第四阶段的人一样。换句话说，出于对整体的爱与承诺，我们所有人几乎都有能力超越自身的背景和局限。这也就是为什么真正的真诚共同体远不止是各个组成部分的简单叠加。实际上，它是一个神奇的体系。

个人的精神成长是一个孤独的旅程，需要抛弃父母的影响、家族的传统、文化的束缚，甚至自己习惯的生活方式。对于那些真正实现了精神成长的人来说，他们表现出了惊人的共同性和统一性。虽然他们都是独立的个体，但他们在很大程度上逃脱了、超越了那些传统和文化所带来的差异。

没有故乡的人

对于我自己来说,违背父母的意愿、走出家族传统的旅程有时颇令人恐惧。我的旅程开始于15岁,那一年我违背父母的意愿,选择离开新英格兰预备学校。在这一过程中,我盲目地迈出了走出家族传统的一大步,这一传统崇尚物质上的成功、从众性、"挥霍无度",以及"美好的生活"。我要成为什么样的人?我该去哪里?我并不知道。我很害怕,以至于接受了一家精神病院提供给我的短暂的避难所。它给了我一个归属的地方。当时的我并不知道寻求心理治疗是人们在为走出传统和文化而感到焦虑时的一种普遍做法。

我至今仍不再归属于任何我们通常意义上所说的文化领域。但我远非孤身一人。慢慢地,我会在这里或那里遇到相同困境的人。而我们所面临的并不是一件很悲惨的事,好比可怜的"没有故乡的人"注定要永远乘着狭小的风帆漂泊在无垠的大海上。相反,我们远比大多数人自由,在全世界的各个国家之间穿梭,不再受文化习俗的束缚。曾有过寂寞的时候,但最近几年,数万名跳出了文化背景束缚的男男女女开始与我并肩同行。我们不会回去，即使我们可以，但我们的确不时能体会到一种令人悲伤的酸楚，就像永恒的朝圣者一样，我们"不能再回家"。就像我亲爱的同事、病人和朋友拉尔夫一样。

拉尔夫已经完成了整个精神旅程。他出生在贫穷的阿巴拉契亚地区，他在青春期的后期经历了由第一阶段到第二阶段的转化，并成为一名文化人类学家。作为对20世纪60年代的民权和反越战运动的回应，他开始了质疑自己的每一个以及全部的价值观的艰辛过程。伴随着爱和成熟度的增长，恩典一直伴随着他。当他已经成为一个拥有极强的精神力量的圣洁之人后不久，有机会回到他的故乡阿巴拉契亚。他的一位侄女参加了一场由当地高中共同参与的大型选美活动，并当选为六位返校日皇后之一。这场盛会的一个重要环节是由每位返校日皇后的父亲为她们献上一朵玫瑰。由于在一场务农的事故中失去了父亲，她问叔叔拉尔夫是否愿意代替她的父亲上场。他欣然应允，专程飞回了阿巴拉契亚。

当我再次见到他的时候，拉尔夫事无巨细地描述了这场盛会。他以一位文化人类学家的精准眼光，重现了在庆典的高潮阶段，六位返校日皇后身着同样风格却色彩各异的连衣裙。在橄榄球赛中场休息期间，皇后们乘坐雪佛兰羚羊敞篷车绕场四周，每辆车的颜色都与她们的裙子相匹配。还有其他的一系列庆祝活动。的确，每位皇后从下午到傍晚总计需要更换四套衣裙。当他描述这些礼仪事项时，我出神地坐在那里，完全被充斥其中的幽默、感伤和丰富迷住了。

然而当接近这个周末奇遇的尾声时，拉尔夫转换了话题，他说："但是出于某种原因，我回来后感到前所未有的抑郁，这种感觉甚至当我还在飞机上的时候就有了。"

"悲伤和抑郁是非常相似的，"我回答，"但我觉得你更多的是悲伤。"

"你说得对，"拉尔夫惊呼道，"我感到很伤心，但我不知道为什么，我没有任何伤心的理由啊。"

"不，你有。"我反驳道。

"有吗？有什么值得我伤心的呢？"

"因为你失去了故乡。"

拉尔夫看上去很困惑。"我想我不太明白你的意思。"

"你刚才完全是以一个最伟大的人类学家的客观角度描述了一场别出心裁的阿巴拉契亚文化盛典，"我解释道，"如果你仍然是这种文化的一部分，你无法做到这一点。你已经从根本上脱离了它，这就是我说你失去了故乡的意思，我怀疑这次返乡之旅让你意识到，你和它之间已经存在着难以跨越的距离。"

一滴泪珠滚落在拉尔夫的脸颊上。"你说到点子上了，"他承认，"可笑的是，伴随着悲伤，还存在着真实的喜悦感，我很高兴能够回到我的妻子和你，以及我的患者身边，我并不想待在那里，我属于我现在所在的这个地方。但这不是那些留在故乡的人所感受到的简单而无意识的归属感。我对这种简单和天真的丧失感到些许遗憾，但我知道那不是神圣的纯洁，那只是天真。他们的痛苦和忧虑并不比我少。但他们不必为外面的世

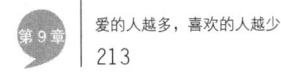

界操心。"

在文学作品中，不时有人超越了自己的文化，并且"从此失去了落脚之地"。但这样做的人仅仅是万分之一。今天，情况发生了改变。由于多种因素——特别是即时的、大众的传播将外国文化引入了我们的大门，同时，实用的心理辅导引导我们对所置身的大环境、文化，以及其他的一些东西产生质疑。进入发展的神秘阶段并且超越普通文化的人数在过去的一到两代人中增加了一千倍，不过，他们仍然是少数派，目前在总人数中不超过二十分之一。

人们不禁要问，这类人群的爆炸式增长是否能带来人类进化的一次重大飞跃——一次不仅仅是朝向神秘，而且是朝向全球意识和世界共同体的飞跃。

我们只有使自己变得空灵,才有可能让其他人进入我们的心灵或思想。

第10章

The Different Drum

空灵的意义

具有牺牲意义的空灵阶段是混沌与真诚共同体之间的桥梁。然而由于需要在这一阶段清空自己，人们所感受到的往往不是踏上桥梁，而是坠入空洞。尽管如此，我们建立真诚共同体获得拯救的程度将主要取决于在学习自我清空的过程中所达到的程度。

20年前，印度哲人克里希那穆提在他的著作《免于已知的自由》中已经清晰地阐述了作为个体在清空自己的进程中所应肩负的责任：

> 由于我们的民族主义，我们的自私，我们的信仰，我们的偏见，我们的理想，所有这些都将我们分开，由于我们日常生活中无处不在的好胜心，我们每个人都应该对每一场战争负责。只有当我们意识到——不仅仅是从理智上，而是真真切切的，真切到与我们对于饥饿或疼痛的意识一样——我们应对所有现存的混沌负责，对整个世界的所有苦难负责，因为我们通过日常生活每时每刻都在促进着它们，我们是这个可怕的，充斥着战争、分裂、丑陋、野蛮和贪婪的社会的一部分，只有到那时，我们才会采取行动。

让内心变得像一张白纸

在描述群体的行为时,克里希那穆提也使用了"混沌"一词。不过,由混沌进入空灵,有可能在一夜之间发生。在一次建立真诚共同体的经历中,一名成员对我说:

> "昨晚我梦到自己在一个商店里。售货员给了我三件东西供挑选:一辆非常优雅的轿车,一条钻石项链和一张白纸。冥冥之中有个声音告诉我应该选择那张白纸。钱似乎不是问题,我完全可以选择轿车或项链。但是当我离开商店时,我莫名地认为自己的选择是正确的。这就是梦的全部。当我今天早上醒来并回想起它时,我对于为何如此愚蠢地选择了那张白纸而感到困惑。但现在,当我看到我们是怎样成为一个真诚共同体的时候,我意识到我确实做出了正确的选择。"

从现实世界的角度来看,选择一张白纸实在是太奇怪了,但在精神世界中这张白纸则是迷人的财富。古往今来的神秘主义者们不仅颂扬空灵之美，而且颂扬冥想之美。事实上，冥想的过程就是一个清除杂念的过程。禅宗的"无念"也许可称为最复杂的冥想，它的目标就是让内心变得像一张白纸一样。

但为什么？为什么要让内心变得空白？对于那些对空灵这个概念感到恐惧的人而言，记住冥想——放空——本身并不是目的，而是达到目的的手段，这一点很重要。所以当我们放空自己的时候，会有东西进入到空灵中来。冥想之美在于我们无法控制进入空灵的事物。它们是无法预料的，意想不到的，崭新的。

长久以来，神秘主义者也被称为"沉思者"。沉思和冥想密切相关。沉思是一个让我们思考、回顾并反复琢磨那些出现在我们冥想时，或空灵中的不期而遇的事物的过程。因此，真正的沉思需要冥想。它要求我们在能够产生真正具有独创性的见解之前停止思考。

沉思包含狭义和广义的定义。狭义的定义仅仅是指对我们生活经历的反思。更广泛的定义除了对于我们生活和人际关系中的意外经历的反思，还包括冥想。这两者实际上是相互融合的，不应被僵化或专横地隔绝开。然而，我使用"沉思"这个词更广泛的定义用以指代富于反思和冥想的生活方式。这是一种致力于将认知程度最大化的生活方式。冥想并不是修行者的专利，只不过是对生命及其奥秘的最原始的反馈。如果你不断提出对于生命的疑问，并且愿意足够开放和空灵地听取生命的答案并思考其意义，你将会成为一名沉思者。

真正的真诚共同体总是沉思,它们具有自我意识,这是真诚共同体的基本特征之一。然而个体的集合并不能算是一个真诚共同体,只有当每一个个体,愿意至少在某种程度上变得空灵并开始沉思时,才有可能实现。也只有在他们继续沉思,将自己视为一个有机体时,才能够维系共同体。为了生存,真诚共同体必须反复地停止正在做的事情,问问自己现在做得如何,思考共同体应该何去何从,并在放空中聆听答案。

空灵的最终目的是留出空间。这些空间为谁而留?为"其他事物"。其他事物是什么?几乎可以是任何事情:来自陌生文化的故事,不同的、意想不到的、新的、更好的事情。最重要的是,对于真诚共同体来说,其他事物是陌生人,是其他人。我们只有使自己变得空灵,才有可能让其他人进入我们的心灵或思想。我们只有在放空中才可能真诚地倾听他的声音,或者真正听到她。

沉默的价值

山姆·基恩在谈到倾听所需的空灵时写道:

>"沉默是一项纪律,需要高度成熟的自我认知和无畏的真诚。如果没有这项纪律,每一个当下,

都只是对曾经目睹过或经历过的事情的重复。为了创造真正的新事物，为了让人、事、物独树一帜的当下在我的心中扎根，我必须放弃以自我为中心。"

基恩还提出应该"对熟悉的保持沉默，对陌生的表示欢迎"。沉默是空灵最重要的组成部分，我们经常在治疗小组中使用沉默来引导人们放空，这并非偶然。沉默可以让我们消除先入为主，抵御以自我为中心。神秘主义者有时会说"沉默总在话语之前"。我们的确可以这么理解，话语必须以沉默为背景，不加以停顿的声音不能称其为语言。最近，我去一位著名的歌剧演唱家的家里做客，他在甚至不知道我对这个话题感兴趣的情况下自发地告诉我："贝多芬的乐曲中，一半以上的时间都是沉默。"

没有沉默就没有音乐，只有连续的噪音。

既然心灵成长是我们的目标，那么让我举一个由精神上的自满、凌乱和噪音所引起的误解最终在沉默和空灵中澄清的例子。这件事发生在一个由来自全球各地的人士共同参与的国际研讨会上。全体会议之后，当我们在指定的小组中进行集体讨论时，一位来自非洲加纳的老师提出，他不理解在之前的讲座中所提到的"受苦的意义"的那一部分。

"这是我听过的最荒谬的事情，"他大声说，"受苦有什么意义？"

"受苦当然有意义。"小组中的每个人几乎都肯定地回答，并引用各种权威人士的言论。但每次反驳都让这个非洲人更加坚持自己的观点，并竭尽全力维护它，"我之前从未听说如此荒谬之事。"然而他越是积极反抗,小组成员们就越固执地试图改变他的想法。喧哗声升级,我们这个完全由成年人构成的小组变得像老师缺席一小时之后的三年级教室般嘈杂。

"快停下,"我突然喊道,"这个房间里的所有人的平均智商大约在160,我们显然可以更好地沟通,让我们停下来静默三分钟,看看会发生什么。"

小组成员们照做了。

静默之后,一个美国人开始诉说他有多爱他的孩子。他说,事实上他当时正在思念他们,这让他颇为心痛。他们生病或受伤使他感到痛苦,他们经受考验和磨难令他感到痛心,他担心他们的未来,那同样是一种痛苦。他告诉我们,他的孩子是他生命中最重要的一部分,他并不想改变现状,但在此情况下,他对他们的爱使他的存在比在其他可能的情况下更加痛苦。

"啊,现在我明白了,"非洲人兴高采烈地欢呼起来,"当然,爱是痛苦的,所以受苦是有意义的,就像我们的孩子令我们感到痛苦一样。"

不难想象来自不同文化的人们之间,甚至是同一种文化的人们之间每天会产生多少次这样的误解和分歧,因为我们不能消除那些固有的成见,不能"对熟悉的保持沉默",不能将我们从自己的语义和传统的形象中解脱出来。我想起了赫鲁晓夫来到美国的时候,在一次演讲开始时,他将双手紧握在头上,像个刚刚在拳击比赛中获胜的趾高气昂的职业拳击手般上下挥舞着手臂!美国人震怒了,然而几年后,一位熟悉这种文化的人告诉我,这是一种传统的俄罗斯手势，意思是"为远隔重洋的友谊握手"。

消极感受力

如果我们不能从自己这种先入为主的文化思想、理想化的形象，以及不切实际的预判中解脱出来，我们不但不能理解他人，甚至不会去聆听他们，从而也就无法产生同理心。在近期的一篇文章《走近同理心：奇妙的功效》中，精神病学家阿尔弗雷德·马古利斯写到了与坚持成见和进入空灵有关的内容：

> 关于同理心，弗洛伊德写到："它在我们理解对于我们的自我而言纯粹属于外在的事物时，扮演着最重要的角色。"

在给兄弟的一封信中，济慈写道："莎士比亚具有一种独特的消极感受力，即有能力经受住不安、迷茫和怀疑，而不急于弄清事实，找出真相。"他是多么精准地把握了治疗师和诗人的困境！

这种"急于弄清"的态度也正是弗洛伊德提醒我们所要堤防的。若想对事物维持一种平稳持续的关注度并且不受外界干扰，需要具备这种消极感受力，即一种与需要了解真相这一常理相违

背的能力。

要否定已知的事物,消极感受力要求我们推翻对熟悉事物的判断,从这个意义上来说,它取决于个人的意志力并带有侵略性质。治疗师认为,对自我的这种否定涉及一种自我侵蚀:将自己完全沉浸于其中,顺应未知的一切,并把自我搁置一旁。也许这就是治疗工作有时令人感到筋疲力尽的一个原因——治疗师不仅要避免受到来自患者的强烈影响,还要抗拒自己主观上的判断。

放空的过程也是实践济慈所说的"消极感受力"的过程,这一过程必然是持续性的。一位精神导师拥有这种能力,并用它来克服偏见,从而给予人们感同身受的救治和超越文化的爱。让我在此设想一下他面对诸多离奇事件之一时的内心独白。这位导师在一座城市附近与他的门徒安营扎寨。他正处于"修整期间",疲惫不堪,需要一段独处的时间来补充元气。当时门徒正忙着处理杂务,而他则坐在阳光里,享受着阳光穿透血液的温暖,享受着安宁与寂静,平添了一分格外的轻松感。突然,一名女子翻过一座小山坡急匆匆地向他走来。通过她的服饰可以判断出她是一个外族人,一个肮脏的、卑微的外族人。这位精神导师厌恶地退缩了,她则开始用一种很难听懂的口音前言不搭后语地说起来。他愤怒了,她有什么权利打扰他宝贵的片刻的宁静。他想趁着满腔怒火冲上去打她,踢她,把她赶走,而不是一味地退缩。但是不断践行的放空的习惯战胜了本能的冲动。他转过身来寻思着:我有些困惑,好像被什么东西控制了似的,甚至不知道自己在做什么。我需要离开一会儿,让自己恢复平静和空灵。

这位精神导师离开了那名女子，转身回到帐篷里。他蜷缩在最远处的角落。"天呀，为什么我的内心无法平静，"他问，"苍天呀，请赐予我空灵，请让我聆听。"

但他并没有听到苍天的指引。他所能听到的只有那名女子在帐篷外对着其他门徒持续不断的唠叨。他希望他们能将她打发走，他也听到他们试着这样做却没有成功。最后两名门徒走进了帐篷："师父，她始终不肯离开，尽管我们已经告诉她您很忙。如果您认为我们应该照顾她，我们一定照做。"

导师抬头看着他们，一瞬间，空灵的秉性占了上风，他沉默了一会儿，最后说道："带她进来。"

门徒看上去像是吃了一惊，无声地站在原地。他重复道："请带她进来。"然后他想，保持空灵。聆听。不在乎她的口音，聆听。保持空灵。听听她究竟要说些什么。

帐篷的襟翼被拉开，那个卑微的生物进来了。尽管他再次想退缩，他提醒自己必须保持空灵。

"师父，"女子跪了下来，"我的女儿被恶魔困扰着，请您医治她。"

哦，天呀，又一起着魔的事件，他想。我没有精力。我很累。现在您让我对付一个外族人的恶魔。但是，保持空灵。毕竟，那是个孩子。这个可怜的孩子。然而，这是一个外族人的孩子。"我无法对整个世界负责。"但他刚说完，空灵的力量又一次占了上风，他再次与自己对话。他想，这不一定公平，也不那么仁慈。保持空灵。听这个女子会说什么，忘记她的装束，忽视她的口音。保持开放和空灵，聆听。

"没错，师父，"女子说，"但即使再卑微的生命也需要救治。"

泪水充盈了导师的眼眶。多么谦逊，他想，天呀，她是多么谦逊啊。我怎么可能拒绝她。如果大部分的人也能如此就好了。

这位精神导师的眼中仍饱含泪水，爱已喷涌而出。"哦，女人啊，"他高兴地喊道，"你的真诚如此伟大，此刻你的心愿也将实现。"

放空需要付出努力。这是一项纪律严明的练习，一个群体若想成为真诚共同体，放空总是整个过程中最困难的一个环节。与任何纪律一样，如果我们把它变成一种习惯，它就会变得相对容易一些。放空总是需要否定自我并放弃知情的需要，它是一种牺牲。

没有什么事情是确定的

世纪之交，俄罗斯的一个小城镇里发生了一件有趣的小事。一位拉比通过"顺应未知"学会了如何生活在空灵之中。多年来，他一直在思考宇宙的奥秘和最深沉的信仰问题。最后他总结道，当一个人接触到事物的根源时总是一无所知。在得出这个结论后不久的一天早上，当他走过城镇广场时，一名哥萨克警察上前与他搭讪。这位哥萨克人心情不好，想把拉比当成出气筒。

"嘿，拉比，"他问道，"你这是要往哪儿走？"

"我不知道。"拉比回答。

这个回答一下子激怒了哥萨克警察。

"什么意思，你不知道？"他大喊起来，"过去20年来，你每天早晨11点都会穿过这个广场去会堂。现在是早上11点，你正在朝着会堂的方向走，却告诉我你不知道自己要去哪儿。你当我是傻瓜吗？你的回答是对我的敷衍和蔑视，我现在就要让你吃点苦头。"

哥萨克人一把抓住拉比，把他拖到了当地的监狱。在即将被推入牢房之前，拉比转过身来对他说："你看，这确实没法预料。"

我们中很少有人能够容忍一无所知的放空，都渴望通晓过去、现在，甚至是未来的知识。但是，知识越多，越容易陷入偏见和狭隘。放空，是一种宝贵的生命体验，在空灵中孕育的不是知识，而是智慧。

尼采说："智慧基本上就是天真。知识是自我，智慧则是自我的消失。知识使你充满信息。智慧使你成为绝对的空虚，但那空虚是一种新的充满。"

人们经常问我这样一个问题："请告诉我们，派克博士，我们怎样才能知道我们现在做的事情是正确的？"

我不得不说没有这样的公式，圣人的思想和我们所有人一样包括两个部分：神性的部分和人性的部分，不同的是所占的比例不一样而已。

在神性的部分中，人似乎不仅会对未来做出预判，而且往往

还比较准确,而在人性的部分,我们却必须忍受事情的不确定性。以日常养育子女为例,假设一个16岁的女孩来到她的父母身边问道:"妈妈,爸爸,这个星期六晚上我可以在外面待到两点钟再回家吗?"父母也许会用三种方式回应这个普通的请求。

一种情况是:"不,当然不行,你很清楚你必须在10点之前回家。"

另一种极端情况是:"当然,亲爱的,随便你。"源于绝对的确定性,这两种反应都可以很轻易地做出。它们只是一种不假思索的完全程式化的条件反射,不需要这些母亲或父亲付出任何思考和努力。

不过,好的父母则会认真对待这个问题。"应不应该让她去?"他们会问自己,"我们现在还不能确定,她的宵禁时间是10点,但这是我们在她14岁时定下的规矩,现在可能已经不适用了。但另一方面,她可能会在派对上饮酒,这一点颇让人担心。但她在学校的表现还不错,家庭作业也都能按时完成,也许我们应该表达出对她的信任,要知道信任能给予她成长的动力。不过话说回来,那个和她同行的男孩看起来很不成熟。我们该怎么办?我们应该妥协吗?最折中的办法是什么?我们不知道,应该允许她午夜回来吗?或者1点,11点?太难办了,我们应该做何决定?"

这些父母最终所决定的内容本身也许并不重要,因为不管它是什么,都是在深思熟虑的基础上做出的。虽然他们的女儿可能对此并不十分满意,但她一定会知道她所提出的问题,以及她自己,是被认真对待的。她会明白自己对于她的父母来说是多么重要和宝贵,值得他们经历充满未知的放空,并忍受其所带来的痛苦。她会知道她是被爱的。

因此,没有公式可以解答这个不可避免的问题,我只能进一步说:"人不是神,你不可能事先了解你所做的事情是不是正确的,但是,如果你总是抱有行善的意愿,并且当事态不明朗时你甘愿完全承担其痛苦,那么你将总是在对的方向上领先一步。"换句话说,当你放空后,你会做正确的事,即使当时你并不知道这样做是正确的。

模棱两可的效力

那些寻求确定性,或者声称他们的认知具有确定性的人不能容忍模棱两可的情况。"模棱两可"意味着"不确定"、"可疑",或者"不了解"——也许永远无法了解,这着实令我们难以接受。只有进入精神成长的第四阶段,我们才能适应模棱两可的情况。

我们开始意识到,并非所有事物都是"非黑即白",事物的多维度往往具有矛盾的意义。也正因为如此,所有文化和神秘主义者总爱说些似是而非的话,喜欢用"既是……又是……"的句式,而非"不是……就是……"的句式。接受模棱两可并且能够矛盾性地思考，既是空灵的品性之一，又是心灵成长的要求之一。

也许最著名和最具说服力的悖论是泰戈尔的诗句：只有付出生命，才能获得生命。泰戈尔在这里并不是教导我们中的任何一个人去慷慨赴死，他真正想要教导我们的是，从心理上，自我的消亡是实现拯救所必需的。步入空灵同样需要牺牲自我。这种牺牲通常并不意味着实际的肉体的死亡，但它总是意味着某种形式的消亡——一种观念或意识形态的消亡，或者传统上秉承的文化观念的消亡，甚至只是一种根深蒂固的"非黑即白"或"不是……就是……"的思维模式的消亡。

库伯勒·罗斯是第一个有勇气与临终者交谈，并且询问他们当时感受的人。她在基于研究所创作的经典著作《论死亡和濒临死亡》中阐述了人们在濒临死亡时所经历的五个连续阶段：否认，愤怒，讨价还价，抑郁和接受。

首先，人们倾向于否认所面对的实情："他们肯定把我的实验样本与其他人的弄混了。"他们可能会这样想，甚至说出来。然后，当他们意识到情况并非如此时，他们会变得愤怒——他们会冲着医生、护士和医院发火，怨怼家人。接着他们开始讨价还价，他们会告诉自己："如果我回到教堂开始祈祷，我的癌症或许会消失。"或者，"如果我对自己的孩子再好一些，我的肾病将停止进一步恶化。"但是，当他们意识到真的没有出路——一切都完了——他们会变得抑郁。然而，如果他们能够度过被我们这些治疗师们称为"攻克"抑郁症的过程，他们将会到达第五阶段，在这一阶段中，他们真正接受了即将到来的死亡。这是一个令人惊讶的美好阶段，充满了平和、宁静和灵性之光——几乎像是一次复活。

但是大多数濒临死亡的人并不会经历完整的五个阶段。多数情况下，人们仍然在否认，愤怒，讨价还价或者抑郁中死去，因为当他们进入抑郁阶段时，痛苦会令他们退回到否认，愤怒或讨价还价的阶段。他们无法"攻克"抑郁症。

库伯勒·罗斯的成果最令人兴奋之处，不仅仅在于向我们展示了伴随着身体死亡的心路历程，还在于，每当我们做出任何重大的精神改变或者步入心灵成长时，我们都会按照相同的顺序经历完全相同的阶段。换句话说，所有的改变都是某种形式的死亡，所有的成长都要求我们攻克抑郁。

比如说我有个性格上的缺陷，由于表现得太过明显，朋友们开始对我颇有微词。我的第一反应是矢口否认：他今天早上肯定是没从对的那一边起床，或者他只不过在生他妻子的气罢了。我通过这样的方式暗示自己，他们的批评真的跟我没有任何关系。如果我的朋友继续谴责我，我会生他们的气。我会想，他们有什么权利干涉我的私事？他们又不了解我的感受，干吗不好好管管自己？甚至有可能直接这么告诉他们。但是，如果他们对我的爱足以使他们对我不离不弃的话，我会开始讨价还价：一定是我最近没有拍着他们的背，鼓励他们干得不错。于是我开始四处走动，对着我的朋友们开心地微笑，希望这样做能让他们闭嘴。但如果这样还不起作用——如果他们仍然坚持对我的批评——我终究会开始考虑这样一种可能性：也许真的是我的问题。这令人抑郁。但是，如果我可以从这种抑郁的感受中挺过去，思考它，分析它，我不仅可以辨识出我个性中的缺陷，还可以进一步隔离和标识它，并最终根除它，彻底摆脱它。如果我能够成功地协助我自身的一部分逐渐消亡，我将以一个崭新的、更好的姿态，从某种意义上来说，作为一个复活者，从抑郁的困境中走出来。

库伯勒·罗斯关于临终阶段的描述与个人精神成长阶段和共同体发展阶段极为相似。实际上，空灵、抑郁和死亡是类似的，因为它们总是与我们为了实现变革所必须奠定的基石相依相伴。这些阶段是人性的基础，也是人类变革模式和规则的基础，无论是作为个体还是群体——同时，不仅是小群体的变革，也是大群体的变革。

空灵、抑郁和心理上的死亡之间可以画上等号。它们是混沌与共同体之间，堕落与复兴之间，犯罪与改革之间的桥梁。正是出于这个原因，我曾经领导过的一个裁军研讨会的与会者们非常恰当地决定把他们的最后一段时间集中用于探讨如何攻克抑郁症的问题。

愿意放弃、愿意投降是放空的本质，它要求我们能够攻克抑郁症并承受牺牲的痛苦。正如我之前所说，清空自己的目的是为新的事物腾出空间。放弃某些东西的唯一理由是为了获得更好的东西。无可否认，和睦胜于争吵，和平胜于战争。因此我们必须问自己：为了获得和睦与和平，我们必须在哪些方面清空自己？我们必须将哪些传统态度和行为方式搁置一旁？我们现在还牢牢秉持的观点、政策和怨恨中，哪些早已过时？我们必须对哪些潜在的机会保持开放和空灵？

我们越是不设防,越是容易身陷险境;同时,我们内心越是柔软,也就越坚韧。

第 11 章

The Different Drum

不设防

诗人罗伯特·弗罗斯特说:"有好篱笆才有好邻居。"

每个人都需要篱笆来保护自我的疆域,但是如果就此故步自封,自我就会变得僵化、枯萎。所以,很多时候,我们也需要打开篱笆,不设防,让别人蜂拥而入。虽然挤进来的人群熙熙攘攘,嘈杂、混乱和无序,不仅打破家的安静,甚至还践踏了整齐的草坪,不过,在我们与这些陌生的客人交流、碰撞和融合的过程中,自己则能听到很多闻所未闻的新消息、新观念和新思想,这会让我们变得不再那么封闭、狭隘,也不再以自我为中心。

我将"不设防",定义为对"其他事物保持开放的态度"——不管它是一个奇怪的想法,一个陌生人,一种陌生的文化。不设防,是为了敞开心之大门,拿出勇气去接纳与自己不同的人,去倾听不一样的鼓声。不过,当人敞开心扉、不设防时,不免会感到害怕,而接纳不同的人和事,则意味着必须打破内心的平衡,陷入愤怒、焦虑、抑郁,甚至绝望,但是坚持住,我们就会进入空灵阶段。

空灵是人们走向更高精神境界的必经之路。

尼采说:"许多伟大的思想,就其表面来看,似乎与风箱没有什么两样,但当其鼓胀作响时,内里却空空如也。"

但是,不设防同时也意味着危险:如果这个新想法是错误的,怎么办?如果这个挤进家中的陌生人是个凶手、逃犯,又会怎样?我们不会受到伤害吗?

事实的确如此。开放性要求我们不设防,能够并甘愿接受伤害。但这不是一个简单的非此即彼的问题。首先,"伤害"一词本身就不明确。它可能意味着"摧毁",或者仅仅是"损害"。有时为了说明两者的区别,我会问我的听众中是否有人具有足够的耐受力,可以志愿参与一个未知却痛苦的实验。总会有一个勇敢的灵魂站出来,然后我会用力掐他的上臂。

"疼吗?"我问。志愿者则会揉着胳臂痛苦地回答:"的确很疼。"

"它将你摧毁了吗?"我继续问道。

思考了几秒钟之后,志愿者回应道:"确实很疼,但不至于说它将我摧毁了。"

问题在于,如果你故意把手臂放进绞肉机里,那纯粹是毫无价值的自我摧残,你多半是个彻头彻尾的白痴。但如果你试图生活在丝毫不受损害的环境中,几乎可以说是天方夜谭,除非你愿意永远生活在一个铺满了软垫子的玻璃房间里。

所以,当你打开篱笆,不设防时,在蜂拥而入的人群中,可能有陌生人、聪明人和傻子,根据我的经验,你还有 1／2500 的概率碰上一个邪恶的人。重要的是,你要根据自己的情况和不同的人分别对待。事实上,如果你真的不设防,进入了空灵的境界,你也就变得火眼金睛,洞察人性,很容易辨识谁是善良之人,谁是凶手和逃犯。

没有受伤，何谈治愈

"不设防"这个词同样模棱两可，因为它并没有对肉体和精神上的伤害加以区分。这不仅仅是因为在孩提时代，我们如果不冒着刮伤膝盖的风险就无法爬上大树，更多的是关乎情绪上的痛苦。我们只有愿意一再遭受苦难，经历压抑和绝望，恐惧和焦虑，悲恸和伤心，愤怒和痛苦，困惑和怀疑，批评和拒绝，才能拥有丰富的生活。缺乏这种情感动荡的生活不仅对自己没有用处，对其他人也是无用的。

没有疼痛，就没有收获；如果不愿意受伤，我们将无法被治愈。

在我所参与的一次驱魔活动中，我的任务是判断一位对此十分感兴趣的人是否适合成为治疗小组的成员。我十分矛盾，以至于最终将决定权交由他自己。我对他说："只要你心中有爱，我们欢迎你加入我们的团队。（这里的爱，指的是如果患者的治疗和你的自我保护意识之间存在冲突，你必须放弃自我保护意识。）"如我所料，他决定不参加。

一位先知曾经教导过我们，只有不设防才能实现救赎。所以当他还活着的时候,他坦然地行走在罗马人、税吏和其他不合时宜的人群中,行走在流浪者、迦南人和撒玛利亚人之间,行走在被恶魔附身的人、麻风病患者、传染性疾病患者中间。当他意识到自己的大限之日已到时,便从容赴死。学者多罗特·索勒将他称为"单方面解除武装"的人。

当我们对别人不设防的时候会发生什么?比如,当我说:"我写了一本关于自律的书,但我自己甚至没有戒烟的自律性。有时我觉得自己是个伪君子,是个十足的冒牌货。有时我觉得自己都没有找到正确的方向,像只迷途的羔羊,我感到既恐惧又迷茫。我很累。尽管我只有50岁,但有时我实在很累,很孤独,你愿意帮助我吗?"这种不设防对别人所产生的影响往往也会令他们解除武装。他们最有可能的回应是:"你是个坦诚的人,我也很累,很恐惧,很孤独,我当然会尽我所能帮助你。"

但是当我们表现得充满戒备时,当我们用心理防御来掩饰自己,并假装我们是一群完全掌控自己生活的、沉着冷静的、顽强的个人主义者时又会发生什么呢?多数情况下,别人也会用心理防御来掩饰他们,并假装他们也是一群完全掌控自己生活的、沉着冷静的、十拿九稳的人,而我们的人际关系变得不会比两辆坦克在夜间相互碰撞好多少。

但不能过分简单地去理解我所说的这些话。我不是在谈论一种愚蠢的不设防。我并不是建议你现在就从门上把所有的锁都取下来——假设你住在美国首都的市中心,你这样做肯定会遭殃,而且不会等到明天,今晚就会发生。我指的是不设防的意愿。放下实体的武器并不是我们人类，个体或集体使自己不设防的唯一方式。

不设防的风险

一些人推崇恐惧和怀疑的心理学，由于被恐惧所驱使，他们的设防往往表现得顽固、僵化和单一，有时甚至是可笑的。这样的人甚至对我说过："派克博士，如果你能告诉我一种方式，可以让我在不承担任何风险的情况下卸下武装，我会很乐意尝试一下不设防。"

风险是不设防所要面临的核心问题。但是，我们必须再次学习以更矛盾的方式进行思考，并且同时考虑多个层面。我们有责任运用自己的智慧去辨别我们应该向谁展现出不设防的姿态，拒绝向谁展现，何时展现，通过何种方式展现，以及展现到何种程度，以便巧妙地躲避许多陷阱，毕竟世间并不存在没有风险的不设防。

在所有不设防的表现中，最难做到的莫过于承认自己的缺陷、存在的问题、神经质、罪恶或失败——所有这些在我们顽强的个人主义文化中都被归于"弱点"。这是一种荒谬的文化态度，因为现实是，作为个人或者团体，我们都很脆弱。我们都有问题、缺陷、神经质、罪恶和失败，试图隐藏它们就是在说谎。不设防不仅要求我们具备承受被伤害的能力，还要求我们能揭露自己的伤疤：我们的创伤，我们的缺陷，我们的弱点，我们的失败和不足。只有在明显的缺陷中我们才能意识到真诚关系的美好，不完美是我们人类少有的共性之一。

马可·奥勒留说："人是可怜的，也是伟大的。人常常被困于有限与无限的两难境地，自我正是结合了灵性的无限和肉身的有限。"

人始终处于有限和无限、光明与黑暗、确定与不确定之中，这是我们最真实的状态和处境，必须对此有深刻的认知，不能自欺欺人。

我有时把心理治疗称为诚实游戏。来治疗的人们被谎言所困——无论是来自父母、兄弟姐妹、老师、媒体的谎言，还是他们自编自导的谎言。这些谎言只有在两个人能够对彼此尽可能诚实的氛围中才能得到纠正。因此，心理治疗师应该适时地坦诚地"以身作则"地坦言他们自身存在的缺陷。只有诚实的人才能在世界上发挥治疗者的作用。正如有人在真诚共同体建设讲习班中所说："我们能够互相赠予的最珍贵的礼物就是我们自己的创伤。"

真正的治疗者必然受过伤。

只有受过伤的人才知道应该如何治疗伤痛。

然而，作为一个人，我们总是试图表现得完美无缺，并不会更多地承认自己所犯下的错误。在我们的内心深处都有一个理想化的形象，认为自己在各方面都无懈可击，生活在这种假象中，就如同驮着一层厚厚的外壳，只有当我们愿意抛弃这层外壳，才会变得既脆弱又足够强大。

既脆弱又足够强大？我们再次面临悖论，这是此生无法回避的悖论之一，我们越是不设防，越是容易身陷险境；同时，我们内心越是柔软，也就越坚韧。

在建立真诚关系中，必须涌现出一批勇敢的灵魂，必须采取切实的举措。一个接一个的人真正冒着被抛弃或者被伤害的风险，将群体的不设防和真诚提升到一个更深的程度。

融合性和完整性

真诚共同体具有融合性。它使不同性别、年龄、精神信仰、文化背景，以及不同观点、生活方式和成长阶段的人们融合在一起，这里所说的融合不是一个相互同化最终归于平庸的过程，而更像是做一道可口的沙拉，在保留原材料特质的基础上升华出别具一格的风味，从而达到 1+1>2 的效果。真诚共同体并非通过消除个体差异来解决多元化所带来的问题，它寻求多样性，接纳不同的观点，拥抱对立面，渴望了解事物的方方面面，从而将人们整合为一个功能强大的有机体，可谓"包罗万象"。

"完整"这个词来源于动词"融合"。真正的真诚共同体往往是完整的。与埃里克·埃里克森（Erik Erikson）在社会心理发展理论中将人格完整定义为个人发展的最高级阶段相对应，与此相反，无论个人还是团体，其最低级、最具破坏性的特点是缺乏完整性。

心理学中通过"区隔"来指代与"融合"相反的动作。通过它，我们可以看到人类在处理复杂事务时的怪异行为，例如一个商人在周日早晨去教堂，相信自己是善良的，对人类同胞充满了爱，却在星期一上午对公司向邻近的河流中倾倒有毒废物的政策无动于衷。他将精神信仰放在一个隔间，又在另一个隔间做着自己的生意，即所谓的"礼拜天早晨的基督教徒"。这样做也许非常舒适，但并不具有完整性。

保持完整性永远伴随着苦痛。少了"心灵隔间"的存在，所有事务堆叠挤压在一起，不同的需求和利益相互碰撞，必然会让我们的内心陷入冲突，让自己痛苦不堪。然而，这是心灵融合的必经之路。真诚共同体的建立也是这样，由于彼此的需求不同，为了保持成员和共同体利益的一致性，团体必须保持充分的开放和坦诚。它并不试图避免冲突，而是尽力去调解。而调解的实质是痛苦而富有牺牲精神的放空的过程。真诚共同体总是推动其成员尽量保持空灵，为其他的观点，全新的、不同的理念腾出空间。真诚共同体不断敦促自己以及其中的每一位成员痛苦地，但同时又是欢欣地追求更深层次的完整性。

真诚共同体的建立，要求我们踩着不同的鼓点，行进在同一条道路上，因此，熟练地辨识出不一样的鼓点至关重要。也许这项技能的本质就是能够辨识出事物是否具有完整性的能力。

我们是否遗漏了什么

尽管完整性很难实现，检验它是否实现的方法却似乎很简单。你只需要问一个问题：我们是否遗漏了什么，有什么被疏忽的地方？

25岁时，我读到了由安·蓝德所撰写的引人入胜的巨著《阿特拉斯耸耸肩》，在这本书中，她为自己顽强的个人主义和无拘无束的哲学观创造了一个看似引人注目的案例。然而，这种哲学观里的某些东西却困扰着我——尽管我并不知道这种感觉从何而来，直到有一天我终于意识到，这本书中基本没有提到过孩子，这是一部描述社会大潮及人类生活的多达1000页的全景小说，却几乎没有提到孩子。就好像她的社会中不存在孩子一样，他们被遗漏了。当然，如果有孩子存在，顽强的个人主义就会显得荒谬，站不住脚，所以，作者必须把孩子剔除，即故意遗漏。

五年后，在我接受精神病学训练时，我明白了一个道理：患者没有说出的话，比他们实际说出来的更重要。这条法则十分正确。例如，在一些心理治疗过程中，最健康的患者会非常完整地描述他们的现在、过去和未来。如果患者只谈论现在和将来，却绝口不提童年，那么基本可以确定其童年时期至少存在一个残缺的、悬而未决的重要问题，必须揭示这个问题才能使其完全康复。如果患者只谈论童年或未来，治疗师则可以告诉他主要面临的困难在于处理"此时此地"的问题——通常是在处理亲密关系和应对风险方面的困难。如果患者从不提及自己的未来，可以适当地引导他考虑自己或许在幻想和希望方面存在问题。

记得在最高法院决定废除种族隔离30年之后，我有机会在阿肯色州的小石城演讲。它面向公众开放，共有900人参加，没有一个黑人。当我环顾我的观众时，其中的不完整性显而易见。黑色的面孔被遗漏了。完整性的缺失反映了融合性的不足，以及某些东西被遗漏的现实。虽然我们在种族融合的历史进程中取得了长足的进展，但显然还有很长的路要走。

在我的生活中有一个幽默的例子，那时我在新加坡出生长大的妻子莉莉刚刚有资格获得美国公民的身份。我们当时住在夏威夷，当地的移民局问她是否介意要等到5月1日才能收到她的公民证件。他们正在计划在当天庆祝法律日，并大量引入新公民。莉莉同意了。因此，5月1日下午，她和我与其他大约200名新公民及其亲属，以及适合出席的政要们聚集在一个军事基地历史悠久的草坪上。

庆祝活动以阅兵式开场。与乐队一起，3个连的士兵围绕着阅兵场地行军了4次，步枪在下午的阳光下闪闪发光，之后他们在7个榴弹炮后方严阵以待，这些榴弹炮在接下来的环节中被用来鸣放21响礼炮。礼炮声结束后，夏威夷州长，一位身材高大、相貌出众的绅士起身讲话。他说："今天下午我们相聚在这里，为了庆祝法律日，在充满鲜花的夏威夷，我们也可以称之为花环节！然而，"他继续说道，"问题的关键在于，在美国，我们正用鲜花庆祝这一天，而一些国家正在举行军事游行。"

没人笑。似乎没人看出其中的荒谬之处：这个人的身后有3个连的全副武装的士兵严阵以待，他的脑袋仍然被7门大炮发射后残留的烟雾所笼罩，人们明显遗漏了什么东西。

还有另一种相对不太容易理解的检验完整性的方式。如果图片中没有遗漏任何现实的碎片，如果所有维度都被融合进来，你最终面对的很有可能是一个悖论。追溯到事物的本源，几乎所有的事实都是自相矛盾的。在这一方面，东方的佛教典籍通常比西方的文字阐述得更透彻。尤其是禅宗，可以说是理想的悖论培训学校。我最喜欢的关于换灯泡的笑话是"换一个灯泡需要多少和尚？"

答案是："两个——一个换灯泡，一个不换。"

悖论，意味着全面和完整，远离了"区隔"化，以及管中窥豹的状态，能够看到事物的全貌。

如果一个概念是自相矛盾的，它本身就彰显出了完整性，发出了真理之声。相反，如果一个概念过于单一，则应该怀疑它是否欠缺了某些方面。再次以顽强的个人主义举例。这个概念不存在任何矛盾之处，它只包含真理的一个方面：我们应该独立、完整和自给自足。而忽略了另一面：我们也应该认识到我们的不足、缺陷和相互依赖。更糟糕的是，它会促成危险的以自我为中心的人格。事实上，我们无法独立存在，也不应只为自己而活。禅宗教导我们，将自我作为孤立实体的概念是一种幻觉。很多人身陷这一幻觉，正是因为他们不会或不想进行全方位的思考。

一旦进行了全方位的思考，我便会意识到，我的生活不仅受到土地、雨露和阳光的滋养，还得益于农民、出版商、书商，以及我的患者、孩子和妻子，实际上，我只是这个大链条中的一个小环节。

我越努力追求完整性，越少用到"我的"这个词。"我的"妻子并不是我的私有财产。我仅仅在"我的"孩子的创造过程中占有极其微小的一部分。从某种意义上说，我赚到的钱属于我，但在更深层次上，它是来自各种好运的礼物，包括父母，优秀的老师和大学，以及阅读我作品的大众。从法律上讲，我在康涅狄格州拥有的不动产是"我的"土地，但在我之前，它被白种人和红种人世代耕种，我也希望在我之后，它将继续由其他的陌生人世代耕种。花园里的花也不是"我的"，我并不知道如何创造一朵花，我只能照料或服务于它。

作为服务者，我们不能成为孤立主义者，世界上的一切事物都有联系，我们不能陷入简单化，非黑即白，非此即彼，单一维度，应该从多维度、高智慧的角度看事情。当我们能够做到这一点时，也就能够接纳人与人之间的差异，倾听不一样的鼓声。

> 接纳不一样的鼓声,不仅是建立真诚关系的基础,也是治疗乌合之众的良药。

第 12 章

The Different Drum

不一样的鼓声

我用"不一样的鼓声"来比喻人与人之间的不一致，不一致必将导致冲突。在父母与孩子之间，丈夫与妻子之间，人与人之间，有冲突是十分正常的，但如何对待冲突，则决定了双方深入心灵的深度，也决定了彼此关系的健康程度。

没有冲突的沟通大多数是肤浅的，无关痛痒的。在社交晚宴上，你把真实的自我隐藏起来，装扮得完美无瑕，你对每个人微笑，而每个人也对你微笑，你们愉快地交谈着，讲一些令人开心的笑话，彼此之间没有冲突，或许更准确的说法是，你们刻意隐藏了自己与别人的不一致，回避了冲突。我们需要社交，也需要彬彬有礼的交谈，但通过回避冲突所营造出来的其乐融融，毕竟是短暂的，这种表面的和睦难以掩盖内心的孤独。

同样，没有冲突的群体，由于屏蔽了不一样的鼓声，也就无法建立起真诚的关系，他们的结合更容易变成"乌合之众"。

所谓"乌合之众"，就是许多人以消灭自我人格的方式凑到一起，组成群体。构成这个群体的人，无论他们是谁，生活方式如何，从事什么职业，是男是女，智商是高是低，只要他们融入这个群体，他们个体所具有的独特性就会泯灭，思想和感情就会转到同一个方向，形成集体精神。

在乌合之众中，人人都隐藏了自己真实的个性、情感、思想和创造力，每个人都表现出同质化的倾向。伴随着这种倾向，他们的才华和智慧被彻底抹平。我们沮丧地发现，即使是再优秀的人，当他们加入一个群体的时候，也会做出极其愚蠢的决定；即使是再高明的专家，一旦他们受困于这种集体精神，那么他们最多只能用普通人的智慧和能力，用最为平庸而拙劣的方法来处理那些重大的事情。

古斯塔夫·勒庞在《乌合之众——大众心理研究》一书中说，在群体中，一旦人的自我意识消失，群体便只有很普通的品质，很普通的智慧，群体的心智水平会降至最低甚至更低。群体的叠加只是愚蠢的叠加。乌合之众没有自我意识，没有独立思考，没有独特个性，他们如同僵尸，终将在本能、传染和暗示中被人利用，并在"暴民心理"的驱使下，走向邪恶。

在我看来，接纳不一样的鼓声，不仅是建立真诚关系的基础，也是治疗乌合之众的良药。在建立真诚关系的过程中，我们鼓励个性，庆祝差异。虽然令人烦恼和痛苦，但是，我们也会敞开心扉，去接纳混沌。我们不害怕矛盾，不害怕冲突，因为矛盾和冲突能让我们避免狭隘和偏见，杀死心中的傲慢和自大。我们惊喜地发现，接纳矛盾和冲突能够撑开我们的心胸。

当我还是个孩子的时候，父母经常对我说："大人在说话，小孩别插嘴。"或者，"小孩子，不允许与父母顶嘴。"父母这样做虽然可以避免冲突，但也妨碍了我与他们进行深入的沟通。现在，官方基本上已经认可，健康的家庭实际上鼓励孩子以某种方式和父母"顶嘴"。顶嘴是一种沟通，父母可以借此弄明白孩子的意愿，孩子也能乘机了解父母的想法。

建立真诚关系，首先需要个体差异浮出水面并引起争端，有争端是一件好事，表明我们彼此是不同的。很多夫妻极力避免吵架，却不知道吵架也有其意义和价值，从来不吵架的夫妻是难以想象的，举案齐眉更像是参加社交时举行的礼仪，而不是在寻求建立真诚而真实的关系。夫妻之间有分歧和争执，恰恰说明男女之间存在着很大的差异，他们在情绪的波动上，在感受事物的方式上，在处理事情的行为上，都是不一样的。如果我们能够通过吵架充分认识到对方的不同和差异，或许最终就可以放下自恋，放弃以自我为中心的固执和偏见，学会倾听不一样的鼓声，实现人生的超越。

权力的傲慢

沟通的总体目标是，或者应该是接纳与和解。它最终应该有助于降低或消除误解的壁垒和障碍，正是这些误解将我们人类彼此分开。在这里我用了"最终"一词，意味着沟通是一个艰难的过程，需要各抒己见，需要激烈的争论和争吵，有时还需要愤怒。愤怒有助于将人们的注意力集中在那些客观存在的障碍上，从而能够进一步击溃它们。不过，愤怒也是一种攻击性情绪，如果使用不当，则会制造混淆、误解、扭曲和怀疑，播撒下不信任和敌意的种子。

当人与人发生冲突时，一般有两种解决方法：一种是用威胁的手段迫使对方按照自己的意愿行动；一种是接纳对方，创造出信任、包容、完整和充满爱的关系。

　　精神科培训初期，在我值班的第一个晚上，我被叫到急诊室去见一位士兵的妻子，她表现得非常神经质，显然已经无法再照顾自己。如果发生在一名士兵身上，问题会简单得多。作为一名军医，我有权违背任何一名士兵的意愿，强制其住院治疗，但士兵的亲属只能自愿进入我们医院。为此，他们必须签署一份表格。我向士兵的妻子解释了这一点。我告诉她，她确实需要住院，而我们有一流的医院，在那里她会得到很好的照顾，我问她是否愿意签署意向书。

　　答案是否定的。

　　我耐心地向她解释，她需要住院治疗。她的状况极端不稳定，如果她不愿意主动登记入住我们的医院，除了拨打电话叫警察到急诊室，并让他们将她带去市医院外，我别无选择。在那里，她将接受另外两名精神科医生的检查。我告诉她，我非常确信其他两位精神科医生也会认为她急需住院，然后他们会违背她的意愿强制她入住市医院。由于市医院可谓是个火坑，我问她是否愿意登录入住我们的医院。

　　答案依然是否定的。

　　在接下来的三个小时里，我一直与这位女士讲道理，鼓励她做出明显是唯一合理的决定。她不时拿起笔，看上去像是要在表格上签字，却一次又一次地将笔放下。有几次，她甚至已经开始写她名字的第一个字母，但随后却半途而废。最后，在凌晨两点的时候，我放弃了。我筋疲力尽、无助而充满挫败感，我拿起电话,打电话给警察,并告诉他们我这位患者的情况。在我请求警察前来急诊室的过程中,我的患者突然拿起笔说道:"好吧,我签。"并且照做了。

10天后,在我接下来的一次急诊室值班过程中,这个场景被重复上演了一遍,甚至精确到每一个细节。唯一不同的是,这是另一位士兵的妻子,但同样急需住院治疗。像上回一样,我耐心地和她讲道理,从前一天晚上11点直到凌晨两点。像上回一样,笔被反反复复地拿起又放下。像上回一样,凌晨两点我终于打电话给警察,并且在我通话的过程中,患者签了名。

第三次遇到类似患者的时候,我以不同的方式进行了处理。我的想法是相同的,但我把留给她做出决定的时间严格限定在3分钟内。我对她说:"如果你3分钟之内无法做出决定并在表格上签字,我会打电话给警察。"3分钟后,当她还没有签署表格时,我给警察打了电话,而在我与他们交谈的过程中,患者签署了意向书。以前需要3个小时才能完成的工作,这回只用了20分钟,效率却提高了10倍。

不过,虽然面临冲突时,使用威胁和武力的确能够做到立竿见影,但有一个前提,武力所针对的对象应该是那些思想动荡不安,情绪和行为容易失控的人,如果不对他们使用强硬一些的手段,往往会给他们自己和别人带来危险。在上面的故事中,我之所以诉诸警察,是因为对方都有心理疾病,必须住院治疗,最重要的一点是我的诊断也是准确无误的。倘若我的诊断有误,又采取了强迫的手段,那我就是在滥用权力,我的行为就会变得邪恶。所以，当我想强迫别人去做某件事情的时候，必须要看对方的情况，并弄明白自己行为的正确性，避免狭隘与偏见，骄傲与自恋。

有一句谚语："骄傲在跌倒之前。"

骄傲有它自己的作息表。某些时刻，某些场合，骄傲不仅是正常的，而且是必要的。但有些时候对个人和团体而言，它是病态的，具有破坏性的。

自恋是我们心理层面的生存本能，没有它，我们就无法生存。然而，被埃里克·弗罗姆称为恶性自恋的肆无忌惮的自恋，则是个人和团体变得邪恶的前兆。

"权力的傲慢"是一种恶性的自恋，如同大多数偏见一样，它本身是无意识的，却常常制造出邪恶。

无知的山谷

房龙在《宽容》一书中，描绘了一个"无知山谷"——

在宁静的无知山谷里，人们过着幸福的生活。
永恒的山脉向东南西北各个方向蜿蜒绵亘。
知识的小溪沿着深邃破败的溪谷缓缓地流着。

  它发源于昔日的荒山。

  它消失在未来的沼泽。

  ……

  在无知的山谷里，古老的东西总是受到尊敬。

  谁否认祖先的智慧，谁就会遭到正人君子的冷落。

  所以，大家都和睦相处。

  房龙所谓的"无知山谷"，是一个固执己见，墨守成规，害怕改变的地方。这里所呈现出来的和睦和幸福，并非源自宽容，而是因为消灭了一个又一个异己分子——"漫游者"。"漫游者"号召人们走出无知山谷，去寻找一个新世界的绿色牧场，但是对于守旧老人来说，他的号召犹如不一样的鼓声，会让人们产生分歧和争执。为了避免人心浮动，掌握权力的守旧老人煽动起人们的"暴民心理"，以消灭对方生命的方式消除了分歧——

  人们举起了沉重的石块。

  人们杀死了这个漫游者。

  人们把他的尸体扔到山崖下，借以警告敢于怀疑祖先智慧的人，杀一儆百。

  用强硬的手段消灭了不一样的鼓声，剩下来的人们虽然"在一起"，却成为一群乌合之众，在表面的团结中却隐藏着深刻的危机。

就这样，当无知山谷的人们听着单调乏味的鼓声，唱着老掉牙的歌儿，却不知危险即将来临。

房龙写道："没过多久，爆发了一次特大干旱。潺潺的知识小溪枯竭了，牲畜因干渴死去。粮食在田野里枯萎，无知山谷里饥声遍野。"

到这时，人们才想起了那个漫游者，那个曾经发出过不一样的鼓声的人，不禁叹息："他想救我们，我们反倒杀死了他。"

信任与包容

还有一种聆听不一样的鼓声的方式是信任与包容。

在我开始接受培训的前一年，一家医院习惯对离开餐厅的患者进行搜查，目的是看他们是否在自己身上私藏了刀叉，或其他具有潜在破坏性的餐具。在这些搜查中，每周都会发现十几把餐刀。尽管如此，还是存在漏网之鱼，使用这些餐具在病房内打斗的情形每周都会发生两次。该政策似乎并没有很好地发挥作用。

工作人员决定进行一次大胆的实验。他们想知道如果不再搜查患者，而是只在他们进来用餐之前和等他们离开后统计餐具数量，会发生什么？他们勇敢地尝试了这种信任上的实验性飞跃。

到月底，失踪餐具的数量已经下降到每周一件。截至当季末，患者在病房里使用此类餐具打斗的次数下降到平均每月不到一次。

多年以来，这一类的实验在全美国乃至全世界的精神病医院里被反复验证。结果总是一样的，一次又一次，从未失败。这一实验再一次证明了心理学上的一个概念——"自我实现的预言"。如果你足够长时间地、费尽心力地预言一个人会以某种方式行事，他或她就会以这种方式行事。如果不厌其烦地对你的女儿重复一两百遍她长大后会成为一个妓女，她长大后很可能真的会成为一个妓女。足够长时间地把人们当成狂暴的疯子来对待，几乎可以肯定他们真的会变成狂暴的疯子。

信任，意味着包容。

我们信任一个人，首先需要包容他与我们的不一致，倾听他所发出来的不一样的鼓声。没有包容，就不可能有信任。

信任的反面是质疑，包容的反面是排斥。

质疑和排斥会让人感到孤独、焦虑、紧张和恐惧，在这些黑暗力量的驱使下，人会失去理智，变得疯狂，从而导致人与人之间关系的扭曲。相反，信任和包容则能消除人们内心的焦虑和不安，创造出一个宽松、和谐、安全，并充满爱的环境。在这样的环境中，人们可以放下防备心理，袒露真情和真心，与别人建立起真诚的关系。

接纳即治愈

在一世纪的巴勒斯坦地区，有一个流传很广的故事。

一位女人患了 12 年的血漏，她的行经并非每月一次，而是永不休止。根据当时的戒律，女人在每月行经期间，自来潮的第一天起，往后共 7 天都被认定是"不洁净"的。不管什么地方，只要被她坐过或躺过，也被定为不洁——甚至谁若触碰了她所坐所躺的地方，他们也就不洁净了，会被要求进行沐浴仪式。

对周围的所有人来说，每个月里正在行经的女性都是危险人物。根据戒律，在经期结束后，她不洁净的状态还会持续到第八天，直至向祭司献上两只斑鸠或者鸽子作为祭品，她才算是洁净了。

当时女性的生活十分艰难，她们都生活在庞杂的大家庭里，却要跻身于逼仄的小房间中，没有"私人空间"和隐私可言。好几代女性会一同劳作，在拂晓之前便开始为整个家庭准备饭食。女人们一面劳作，一面交流——在这段建立关系的时间里，她们会畅谈生活，交流情感，共同憧憬——但行经的女人却不在此列。当其他女性都相聚在一起劳作的时候，她却只有孤独作陪。

可以想象，这位长期月经不调的女性不仅承受了生理上的痛苦，更承受了巨大的心理上的痛苦。由于她来的不是"月经"，而是"日经"，所以，你能想象她失血那么多，身体得有多虚弱吗？能想象她身上弥漫的气味吗？能想象永无止境的洗涤、更衣和与世隔绝吗？当时还没有卫生巾和厕所淋浴，室内也没有冲洗经血的自来水，没有清理污秽麻布的洗衣机和烘干机，但这就是她日常生活里每分每秒所要面对的困扰。更重要的是，她在心理上还要承受别人的嫌弃和冷眼，忍受巨大的羞耻和孤独，在别人面前抬不起头来。这种情况持续了12年，她找过很多医生，花尽了她的所有，仍然不见好转，病势反倒更重了。

一天，一位圣人来到她所居住的村庄，她听说这位圣人能使盲人重见光明，使跛子迈步走路。圣人的到来让她看见了希望，她想："我只要靠近这位圣人，摸他的衣裳，我的疾病就能被治愈。"

然而，伴随希望而来的还有沮丧与无助。她只身一人坐在屋里，独自承受着永无止境的不洁，想到依据戒律，自己是被严令禁止到人群中去的，这使她绝望之极。试想一下她会如何感想："要是我能够触碰到他就好了，他已经治愈了其他人——那么一定也能够治愈我。可接近他的话，我就触犯了戒律，有可能遭受更大的羞耻与谴责，比我现在经受的有过之无不及。"

但是，对自由的憧憬给了她强大的动力，为了治好病，她决定就算带着"不洁净"的身子违背戒律，触犯众怒，也要孤注一掷去试一试。

她开始酝酿一个计划,怎样才能从家里偷偷溜出去;怎样才能躲避开人们的视线,穿梭在拥挤的人潮中,一步步接近圣人;在摸到圣人的衣服后,如何才能神不知鬼不觉地离开。

这位不洁的血流不止的污秽的女人开始了自己的计划。

这么多年来,她好不容易来到人群中,内心感到恐惧和战栗,她看见圣人被人群簇拥着缓缓朝这边走来,她冒着极大的危险挤了过去,穿过人群,触摸到圣人的繸子——在外衣底角缝边,又在底边上添置一根蓝色细带。对一个男人来说,繸子既重要又特别,是男人最私人的地方,只有家里的亲人可以触碰一个男人的繸子。若是外人触碰了一个男人外衣上的繸子,定会叫人无比震惊。

圣人感觉到自己的繸子被人触碰,突然停下步伐,转过身问道:"谁摸了我的衣裳?"

众目睽睽之下,人们发现了她。

这个绝望的女人感到大祸临头,她玷污了圣人,不仅自己、家庭和所有亲戚会因此而蒙羞,还会牵连左邻右舍。12年来,她都承受着不洁带来的孤立和羞耻,而现在她可能因为曝光在众人之中而被诅咒,为整个族群带来耻辱,遭人唾弃。

她如同一个罪犯一样暴露了自己,在恐惧和战栗中,她匍匐在圣人跟前,将实情全告诉了他。然后,等待着惩罚的降临。

接着,令人意想不到的事发生了,就算是做梦,她也不可能预见得到。圣人本可以有那么多话可以说,但他却选择了一个词:

"女儿。"

记住,只有一个男人的直系亲属,才可以做出像是触碰继子这样的亲密举动。但就这一个词,圣人便免去了她身上的所有责罚。

圣人对她说:"女儿,你的真诚救了你,平平安安回去吧,你的灾病痊愈了。"

女儿!多么叫人惊叹啊!

长期以来,这个女人都被人排斥,感受到的只有孤独和羞耻,从来没有感受到被人接纳的滋味,而"女儿"一词明确表达出,圣人接纳了她,并将她视为家人,与她建立了亲密而真诚的关系。在这种真诚关系中,她获得了一个新身份,不仅治愈了她身体上的疾病,更治愈了她精神上的孤独和羞愧。

这个故事生动说明,接纳即治愈。

在一段真诚的关系中,如果你被彻底接纳,就意味着你将彻底被治愈。

实际上,我之所以努力建立真诚关系,就是希望营造一种人人都可以被接纳的场景,置身其中,我们接纳触碰我们的人,我们接纳与我们不一样的人。我们在接纳别人的同时,也被别人接纳。在接纳与被接纳的过程中,我们一起欢笑,一起哭泣,相互拥抱,放弃了顽强的个人主义,放弃了以自我为中心的偏见和狭隘,敞开了心的大门,于是精神开始成长,人格走向完整,最终逐渐成为真实的自己。

> 斯科特·派克
> **《少有人走的路》系列**

《少有人走的路：心智成熟的旅程（白金升级版）》
[美]M. 斯科特·派克 著

全球畅销3000万册！张德芬、赵薇、任志强、杨幂、吕良伟、倪妮、柯云路、陈冲、许巍等名人感动推荐。或许在我们这一代，没有任何一本书能像《少有人走的路》这样，给我们的心灵和精神带来如此巨大的冲击。本书在《纽约时报》畅销书榜单上停驻了近20年的时间，创造了出版史上的一大奇迹。

《少有人走的路2：勇敢地面对谎言（白金升级版）》
[美]M. 斯科特·派克 著

在逃避问题和痛苦的过程中，人会颠倒是非，混淆黑白，变得疯狂和邪恶。所以，邪恶是由颠倒是非的谎言产生的。勇敢地面对谎言，就是要让我们勇敢地面对真相，不逃避自己的问题，承受应该承受的痛苦，承担应该承担的责任。唯有如此，我们的心灵才会成长，心智才能成熟。

《少有人走的路3：与心灵对话（白金升级版）》
[美]M. 斯科特·派克 著

每个人都必须走自己的路。生活中没有自助手册，没有公式，没有现成的答案，某个人的正确之路，对另一个人却可能是错误的。人生错综复杂，我们应为生活的神奇和丰富而欢喜，而不应为人生的变化而沮丧。生活是什么？生活是在你已经规划好的事情之外所发生的一切。所以，我们应该对变化充满感激！

《少有人走的路4：在焦虑的年代获得精神的成长》
[美]M. 斯科特·派克 著

在《少有人走的路：心智成熟的旅程》中，作者强调的是"人生苦难重重"；在《少有人走的路2：勇敢地面对谎言》中，则说的是"谎言是邪恶的根源"；在《少有人走的路3：与心灵对话》中，作者又补充到"人生错综复杂"；而在这本书中，作者想进一步说明"人生没有简单的答案"。

斯科特·派克
《少有人走的路》系列

《少有人走的路5：不一样的鼓声》
[美]M. 斯科特·派克 著

在《少有人走的路5：不一样的鼓声》中，斯科特·派克一针见血地指出，如果一个群体不能接纳彼此的差异和不同，不能聆听不一样的鼓声，那么人与人之间就不敢吐露心声，很难建立起真诚的关系。

不真诚的关系是心理疾病的温床，而真诚关系则具有强大的治愈力。

《少有人走的路6：真诚是生命的药》

……

后续系列即将推出，敬请关注！